河流梯级电站联合调度研究

齐　桐　郑永路　丛　娜　张　悦　李昊哲　著

U0253069

黄 河 水 利 出 版 社
·郑 州·

内容提要

本书依次从联合洪水调度、联合排沙调度以及联合发电效益等方面,对巴基斯坦吉拉姆河流域梯级电站水沙控制运用方式进行研究,通过科学合理的调度,最大限度地挖掘水电站的调节性能,改善供电稳定性,发挥工程和设备潜力,充分利用水能资源,使梯级电站的效益最大化。

本书对从事水利水电工程泥沙及工程规划专业设计人员具有很好的参考价值。

图书在版编目(CIP)数据

河流梯级电站联合调度研究/齐桐等著.—郑州:
黄河水利出版社,2022.11
ISBN 978-7-5509-3477-1

Ⅰ.①河… Ⅱ.①齐… Ⅲ.①梯级水库-并联水库-水库调度-研究 Ⅳ.①TV697.1

中国版本图书馆 CIP 数据核字(2022)第 243980 号

组稿编辑:岳晓娟 电话:0371-66020903 E-mail:2250150882@qq.com

出 版 社:黄河水利出版社 网址:www.yrcp.com
地址:河南省郑州市顺河路黄委会综合楼 14 层 邮政编码:450003
发行单位:黄河水利出版社
发行部电话:0371-66026940、66020550、66028024、66022620(传真)
E-mail:hhslcbs@126.com
承印单位:河南新华印刷集团有限公司
开本:787 mm×1 092 mm 1/16
印张:9
字数:210 千字
版次:2022 年 11 月第 1 版 印次:2022 年 11 月第 1 次印刷
定价:69.00 元

前　言

在山区河流修建的梯级电站为追求发电效益最大化,一般按上下游首尾衔接进行布置,部分电站水头略有重叠,考虑下游电站回水和泥沙淤积影响以后,对电站设计水头和容量考核影响较大。通过梯级电站发电的联合调度研究,提出合理的联合调度运行方式,减少洪水和泥沙淤积对运行水头和电站出力的影响,提高梯级电站运行的效益。

为科学调度梯级水库,明确调度和运行管理各方职责,确保梯级枢纽工程安全,充分发挥梯级枢纽的综合效益,需要建立健全有效的管理模式和协调机制作为保障。在权衡考虑各梯级电站综合需求的前提下,尽可能提高各梯级电站之间的互补效益,必须开展梯级水电站水库群联合优化调度研究,为优化水库调度计划提供决策支持。

本书共分4章。其中第1章主要介绍国外和国内水库梯级调度基本理论和方法;第2章重点论述了水电站泥沙调度原理及方法,包括水库泥沙淤积、水库调度、水库泥沙调度等内容;第3章阐述了水库泥沙数学模型的发展概况以及水库泥沙数学模型研究理论等;第4章重点介绍了巴基斯坦吉拉姆河梯级电站联合调度研究的成果,包括研究背景、河段水沙条件、梯级电站联合洪水调度研究、梯级电站联合排沙调度研究、梯级电站联合发电效益研究及结论等内容。

本书由齐桐、郑永路、丛娜、张悦、李昊哲撰写。其中,齐桐撰写前言,第1章,第4章4.3节和4.4节4.4.6部分;郑永路撰写第2章,第4章4.4节4.4.4部分和4.5节;丛娜撰写第3章,第4章4.4节4.4.1~4.4.3部分;张悦撰写第4章4.1节,4.2节4.2.1和4.2.4部分,4.6节;李昊哲撰写第4章4.2节4.2.2、4.2.3和4.2.5部分,4.4节4.4.5部分和参考文献。全书由齐桐负责统稿。

本书作者长期从事水利工程相关技术工作,具有较深厚的理论研究水平和丰富的实践经验。撰写本书的目的,主要是为从事水利水电工程泥沙及工程规划专业设计人员提供参考。为此,我们力求全面、简洁、实用、新颖,并花费了大量心血。

限于水平和认识,书中不足恐在所难免,恳请读者批评指正。

作　者

2022 年 5 月

前　言

[illegible]

作　者

2022年3月

目　录

第1章　水库群联合调度基本理论 ……………………………………… (1)

　　1.1　国外水库梯级调度理论和方法 …………………………………… (1)

　　1.2　国内水库梯级调度理论和方法 …………………………………… (1)

第2章　水电站泥沙调度原理及方法 …………………………………… (4)

　　2.1　水库泥沙淤积 ……………………………………………………… (4)

　　2.2　水库调度 …………………………………………………………… (4)

　　2.3　水库泥沙调度 ……………………………………………………… (5)

第3章　水电站水流泥沙数学模型计算法 ……………………………… (6)

　　3.1　水库泥沙数学模型的发展概况 …………………………………… (6)

　　3.2　水库泥沙数学模型研究理论 ……………………………………… (7)

第4章　巴基斯坦吉拉姆河梯级电站联合调度研究 …………………… (11)

　　4.1　研究背景 …………………………………………………………… (11)

　　4.2　河段水沙条件 ……………………………………………………… (22)

　　4.3　梯级电站联合洪水调度研究 ……………………………………… (57)

　　4.4　梯级电站联合排沙调度研究 ……………………………………… (76)

　　4.5　梯级电站联合发电效益研究 ……………………………………… (116)

　　4.6　结　论 ……………………………………………………………… (137)

参考文献 …………………………………………………………………… (138)

第 1 章　水库群联合调度基本理论

在山区河流修建的梯级电站为追求效益最大化,一般首尾衔接,部分电站水头略有重叠,考虑下游电站回水和泥沙淤积影响以后,对电站设计水头和容量考核影响较大。通过梯级电站发电的联合调度研究,提出合理的联合调度运行方式,减少洪水和泥沙淤积对运行水头和电站出力的影响,提高梯级电站运行的效益。

因此,在权衡考虑各梯级电站综合需求的前提下,尽可能提高各梯级电站之间的互补效益,必须开展梯级水电站水库群联合优化调度研究,为优化水库调度计划提供决策支持。

1.1　国外水库梯级调度理论和方法

水电站水库群的优化调度最初始于 20 世纪 40 年代,有人最早将优化理论运用到水库调度中,起初提出单一水库的确定性最优控制问题。后来又有学者应用线性规划研究水库的最优控制问题,以寻求水库的最优运行策略。随着计算机的发展和应用,动态规划在水库优化调度中起到了重要作用,而随着研究的不断深入,在复杂和庞大的水电站水库群整体优化调度过程中,运用动态规划求解时维数的增加,使得计算量给问题求解造成了严重的障碍。此时,多维动态规划方法便应运而生,Trotte 和 Yeh 分别将动态规划逐次逼近法(DPSA)引入水电站水库群的联合优化调度中,但是这种方法并不能保证在任何情况下都能得到问题的最优解。1968 年,Larson 曾提出一种增量动态规划方法(IDP),接着在 1971 年 Heidari 提出一种称为离散微分动态规划的方法(DDDP),这种方法是在微分动态规划(DDP)基础上发展起来的,它通过迭代计算达到降维的目的,一般只能得到局部最优解,并通过实例计算分析,取得了很好的效果。

后来有人进一步改进和完善,为复杂水库群系统的联合调度求解提供了很好的思路。Turgeon 曾在 1980 年提出逐步聚合分解方法,并应用到六个水电站水库的短期优化调度研究中。在此基础上,Valdes 在 1992 年用聚合–分解方法针对水电站水库群的实时调度进行研究。随着电子计算机技术的不断进步和人工智能理论的发展,对水电站水库群联合优化调度技术的研究提出了许多新的算法,相对于传统的优化方法,目前智能优化方法在水电站水库调度优化领域得到越来越多的关注与越来越广的应用前景。

1.2　国内水库梯级调度理论和方法

随着我国国民经济的飞速发展,水电事业突飞猛进,截至 2017 年底,我国水电装机容量达到 3.41 亿 kW,是排名第 2 的美国的 3 倍多,等同于紧随其后世界 5 个水电大国总和。我国水电装机容量占世界水电装机容量的27%,占我国发电装机容量的19.2%;全球水电发电量41 850亿kW·h,其中我国11 945亿kW·h,占世界水电发电量的28.5%,占我国发电量的18.6%。特别是近几年大机组、巨型电站的投运,水电厂安全经济运行越来越受到人们的重视。作为实现水电厂安全高效运行的重要手段的水库调度也经历了漫长的发展过程,取得了举世瞩目的成就。

由于水电系统在国民经济中的地位和巨大的经济效益,其优化调度理论和实践问题研究长期以来一直是国内外活跃的研究领域,特别是20世纪80年代前后,随着美国、加拿大水电开发达到高潮,水电系统优化调度理论研究达到最活跃阶段;自2000年以后,随着水电快速开发和互联水电系统逐步形成,我国已经成为全球水电系统调度研究和应用最活跃的国家。在短短20多年时间内,我国电网、流域水电系统从几百万千瓦装机发展到几千万千瓦再到亿千瓦,一跃成为世界上最大的水电大国;几个水电富集大省从拉闸限电到水电全年富余,面临严峻弃水困难局面,出现了世界及我国水电史上从未有过的复杂水电调度问题。

在我国水库调度领域,许多学者从20世纪60年代就开始了大量的研究工作,特别是在叶秉如、谭维炎、黄守信、张勇传等学者进行了大量开创性的工作的带动下,研究成果由单库调度逐渐过渡到多库调度。叶秉如等1982年以古典求极值方法为基础,结合递推增优计算方法提出了并联水电站水库群进行年度最优调度的动态解析方法。熊斯毅、邴凤山等研究了基于偏离损失系数法的水电站水库群优化调度,并在湖南拓溪和凤滩水电站水库群的调度中得到了应用。张勇传在1981年曾应用大系统分解协调理论,将两个水库的联合调度问题分解为先分别对两个单库进行优化,然后引入偏优损失最小,对两个水库单独的优化策略进行协调,得到两库联合优化调度的解。纪昌明、冯尚友采用DDDP法对混联水库群动能指标和长期优化调度问题进行了研究;黄守信、方淑秀等通过建立多维的随机动态规划模型,成功应用在乌江干流及上游支流猫跳河梯级水电站的联合优化调度上,并取得了较好的效果;针对并联水库群的防洪优化调度,吴保生等提出了多阶段逐次优化算法;黄强、解建仓等结合多年调节水库特性,构建了多年调节水库补偿调节联合调度模型,提出了一种基于等出力的补偿调节计算方法、决策者参与的人机对话算法,并在黄河干流水库群调度中应用,结果表明,该算法不仅计算速度快、占用内存少,且具有决策者参与计算等优点,为解决多年调节水库联合调度计算提供了有效途径。

张玉新、冯尚友等构建了一个多维决策的多目标动态规划模型,并可用一般的动态规划方法进行求解;彭杨、李义天通过构建水库水沙联调的多目标模型,研究了三峡水库汛末蓄水方案,求得了兼顾蓄水和排沙要求的优化调度方案;董子敖等应用随机动态规划逐次渐进法和多目标规划以及大系统理论等多种优化理论,构建了串并联水库群优化调度和补偿调节的多目标、多层次模型;秦大庸、黄守信等提出了一种以蓄放水顺序为基础,有可行运行策略保证的水库群优化补偿调度方法,该方法考虑了电站水头受阻时对工作容量的影响,可满足逐时段的电力电量平衡,能满足上百座水电站水库群组成的大系统联合运行求解要求,在以三峡为中心的147座骨干水电站水库群的优化补偿调度计算中,取得了良好的效果;程春田等研究了一类具有冲突的有限方案多人多目标决策模型,并将其应用于水库防洪调度的决策问题。

近年来,PC 机处理器的升级和多核计算机的发展,使得高性能并行计算的应用领域不断拓宽,并行算法技术为大规模水电优化调度的研究提供了一种良好的解决方案,其基本思想是将一个复杂的任务分解为多个较简单的子任务,然后将各个子任务分别分配给多个计算结点并行求解。

第 2 章　水电站泥沙调度原理及方法

2.1　水库泥沙淤积

河流上兴建水库,库区的泥沙淤积问题不容忽视,尤其修建在多沙河流上的水库,库区泥沙淤积十分严重,如何处理泥沙是保持水库库容能够长期使用的最为关键的问题。水库泥沙问题的核心是研究如何减少淤积,延长水库寿命和采取各种相应的有效措施,防止或减缓库区泥沙的淤积。国内外对于泥沙冲淤计算的研究较为广泛,主要是围绕泥沙的运动规律、水库水沙数学模型、水库排沙等方面展开的。

水库泥沙冲淤现象及其规律与天然河流中的泥沙运动和水流状态密切相关,不同水流流态下的挟沙能力也不尽相同。在水流与河床的相互作用过程中,河床的变化主要是通过泥沙的运动来实现的,河床因泥沙的淤积而抬高、因泥沙的冲刷而降低。在河流上修建水库后,库区水流流态势必发生变化,致使库区泥沙的运动规律也随之变化,这就需要通过泥沙的冲淤来重新调整河床。

库区水流流态主要有"壅水流态"和"均匀流态"。"均匀流态"对应的输沙流态有"沿程淤积或冲刷"和"明流输沙","壅水流态"对应的输沙流态有"壅水明流淤积"和"异重流输沙流态"。库区泥沙的淤积形态就其纵剖面形态而言可分为三角形淤积、锥形淤积和带状淤积。水库的淤积或冲刷都是调整水流挟沙能力,使河槽适应水库来水来沙及其他外在条件的一种手段。淤积总是向不淤的方向发展,而冲刷则是朝着不冲刷的方向发展。输沙不平衡引起冲淤,冲淤的目的是达到不冲淤的平衡状态。这种冲淤发展的平衡趋向性规律是冲淤发展过程中的一个基本规律。

2.2　水库调度

水库调度是指利用水库调蓄能力,改变天然径流的时程分配,使其按照要求蓄放水,以获得最佳的综合效益。其基本任务有:①确保水库大坝安全并承担水库上下游防洪任务;②保证满足电力系统的正常供电和其他有关部门的正常用水要求;③尽可能充分利用河流水能,多发电,使电力系统工作更经济。所以,水库规划设计的运用研究,是充分开发利用水资源系统的重要组成部分。水库的兴建在发挥兴利除害作用的同时,也会造成一系列自然环境的改变,水库淤积就是其中一个重要方面,尤其在多沙河流兴建水利工程需要估算蓄水引水工程的泥沙淤积量,以便考虑延长工程寿命的措施。研究表明:水流挟沙能力与流速的高次方成比例,水流进入水库后,由于水深沿流程增加,水面坡度和流速沿流程减小,水流挟沙能力随之降低,导致泥沙在库区沿程沉积,从而引起回水抬高与库容减小,缩短水库的寿命,加大淹没损失。每年全球由于泥沙淤积所造成的库容损失为

0.5%~1.0%,我国黄河流域的水库库容损失更为严重,截至 1989 年,黄河流域泥沙淤积损失库容为 21%。上游河道输沙能力的改变,也会对河道的形态、流态产生一定的影响。同时,水库泥沙的大量淤积,还会造成水库寿命缩短、航运条件破坏、水电站的发电能力降低和土地盐碱化加剧、水库富营养化过程加快等严重后果。

水库泥沙的淤积问题决定了水库的使用寿命的长短。修建水库的目的是兴利除害,尤其是在多沙河流上修建水库后,只有保持水库不被泥沙全部淤废,保持一定的可以使用的库容,才能达到兴利除害的目的。水库库区泥沙冲淤的数量、部位和形态等,在确定的来水来沙条件下,与水库运行调度方式直接相关。为了协调防洪兴利与排沙减淤的关系,获取兼顾水量调度与水库排沙两者之间利益的最佳解决方案,使水库的综合效益达到最大,寻求兼顾多方要求的水库运行方式,需要进行水库水沙联合优化调度研究。

水库梯级调度是以水库群优化调度和补偿调节的多目标、多层次优化补偿调度方法。其重点往往考虑了电站水头受阻时对工作容量的影响,可满足逐时段的电力电量平衡,能满足上百座水电站水库群组成的大系统联合运行求解要求,取得了良好的效果。但多沙河流上的梯级电站联合调度的主要矛盾应该是泥沙调度。

水库淤积是一个普遍存在的问题,对于多泥沙河流水库来说,泥沙淤积问题尤为突出,由于泥沙大量淤积,水库有效库容逐年减少,蓄水调节性能相应降低,直接影响水库的调度运行方式和效益的发挥。因此,多沙河流上水电站保持一定的调节库容成为水库泥沙调度的主要指标。

2.3　水库泥沙调度

目前,我国水库泥沙调度方式大致可分为"拦洪蓄水"和"蓄清排浑"两大类。在水库泥沙研究方面,韩其为在其专著中对我国水库淤积问题进行了系统的阐述;谭毅源等针对龚嘴水库和铜街子水库来水来沙预测情况,进行降低水位拉沙调度,水库低水位部分形成溯源冲刷,库区排沙效率较高,对保护有限的调节库容极为有利;甘富万等利用水库流量越大,降低水位排沙的效率越高的特点,采用汛期分级流量运行的方式进行水库排沙调度的研究。

相对于大量的来沙量,由于水库库容较小,为尽量减少淤积,保持一定的有效库容,水库应在来沙集中的主汛期进行排沙水位运行,即主汛期降低坝前水位,将库区泥沙淤积面高程降低,非汛期再抬高库水位至正常高水位以保持一定的有效库容。

(1)以主汛期降低库水位为主,在长期保持电站日调节库容的基础上最大限度多发电。即入库水沙集中的主汛期水库水位降至汛限水位运行,通过水沙数学模型计算,得出多年内电站水库库容变化、发电量、过机泥沙含量等特征值。

(2)以主汛期大洪水期间敞泄排沙为主,在长期保持电站日调节库的基础上最大限度地降低过机含沙量。即入库水沙集中的主汛期水库水位一直保持在正常高水位满负荷发电运行,期间根据入库水沙情况安排若干天敞泄排沙;通过水沙数学模型计算,得出 50 年内电站水库库容变化、发电量、过机泥沙含量等特征值。

通过以上方案的水库泥沙冲淤计算分析,得出最优水库泥沙调度运行方式,以最大限度地发挥电站经济效益。

第3章 水电站水流泥沙数学模型计算法

3.1 水库泥沙数学模型的发展概况

泥沙学科主要包括泥沙运动力学、河道演变学、工程泥沙、航道与港口治理、水土流失与治理、高含沙水流与泥石流等方面的内容,研究水流中泥沙运动规律、河道演变规律,为了解决水利工程中的泥沙问题,泥沙数学模型是研究泥沙问题的重要手段之一。中华人民共和国成立以来,我国泥沙研究的主要进展可以概括为:建立了泥沙学科的理论体系,应用泥沙运动基本理论解决我国重大水利工程和河道治理工程关键技术问题。几个突出的研究方面依次为:①非平衡输沙理论;②高含沙水流运动机制与理论;③工程泥沙研究;④河道演变规律及治河工程。

窦国仁较早地提出了非平衡输沙理论。他发表了关于非平衡输沙理论的论文,详细分析了非平衡输沙机制,并提出了初步的理论体系。韩其为后来进一步系统研究了非平衡输沙问题,完善了概念和理论,并作为基础开发出泥沙数学模型。国外关于泥沙数学模型,大部分还是采用平衡输沙的概念。这对于以卵石推移质为主的少沙河流,由于其悬移质含量少,河床调整速度快,还可近似采用。而对于多沙河流,河床调整速度慢,影响距离长,平衡输沙理论将产生较大误差,必须用非平衡输沙理论描述。关于非平衡泥沙扩散过程的理论研究,在20世纪60年代,张启舜等做了深入细致的分析工作,对冲刷过程中含沙量沿程恢复问题和淤积过程中含沙量沿程递减问题进行了很好的理论分析与解释,得出的结论至今还有指导意义。现阶段非平衡输沙计算中的恢复饱和系数的确定和床面泥沙与运动泥沙的交换机制为该方面研究的焦点问题,周建军、王士强等分别进行过研究。

目前,一维泥沙数学模型应用比较广泛,一般应用于长河段、长时期和不同水沙组合及河床边界条件的泥沙冲淤变形研究中。随着计算机的广泛应用以及计算技术的完善,泥沙理论研究也在不断的深入,泥沙数学模型的准确性正逐步提高。利用一维泥沙模型对水库异重流、引航道往复流、异重流回流淤积进行研究和计算,都取得了不错的实际效果。泥沙运动理论的几个重要方面是:悬移质输沙理论、推移质输沙理论、水流挟沙力、非平衡输沙理论、动床阻力等,而且在20世纪80年代以前已经发展得比较成熟,之后除引入固液两相流的双流体模型外,并没有特大进展。因此,该领域的理论研究应集中在两个方面:①对现有的理论成果或公式进行认真总结,例如,钱宁关于推移质公式比较的研究,倪晋仁导出了悬移质泥沙浓度分布的统一公式,其他的公式都是其特例,并在理论上论证不论从哪一种理论出发,最后的结果都与扩散理论具有相同的形式。②对不成熟的理论应该进行深入研究,争取取得理论上的突破。这些方面包括:非均匀沙不平衡输沙理论、高含沙水流运动理论等。河流数学模型,是20世纪70年代以后唯一的重要进展。在国内,韩其为早在70年代末已开发出一维河流泥沙数学模型,在80年代末李义天、周建军建立起二维泥沙数学模型。一、二维泥沙数学模型已比较成熟,三维模型也能解决一些具体问题。待别是近些年来,数学模型得到广泛应用,在生产实践中发挥重要作用。

目前,国内设计单位应用较多的数值模拟泥沙数学模型主要有:

(1)M1-NENUS-3,中国水利水电科学研究院韩其为。

(2)HELIU-2,长江科学研究院。

(3)SUSBED-2,武汉大学杨国录、吴为民。

(4)CRS-1,四川大学。

(5)一维非恒定流河网水沙数学模型,武汉大学李义天。

(6)水库一维恒定流悬移质水沙数学模型,黄河勘测规划设计研究院有限公司余欣等。

(7)SBED-2扩展一维全沙水库冲淤数学模型,成都勘测设计研究院。

3.2　水库泥沙数学模型研究理论

降雨引起的土壤侵蚀问题在全世界普遍存在,每年有近 600 亿 t 肥沃表土被冲刷,其中入海泥沙约为 170 亿 t。中国土壤侵蚀总量每年约 50 亿 t,入海泥沙年均约为 19.4 亿 t。我国是世界上水土流失最严重的国家,因此投入了大量的人力、物力对河流泥沙进行了广泛深入的研究,并取得了国际领先的研究成果。河流泥沙动力学研究表明,泥沙运动的基本规律是不平衡输沙,不平衡输沙表现在水流含沙量与水流挟沙力是不等的,悬移质级配沿程变化也很大,床沙也会发生相应的变化。水库不平衡输沙问题则应包括三个方面:含沙量的沿程变化、淤积过程中悬移质级配的分选以及床沙级配的沿程粗细化等。

如今,在我国武汉大学设立了专门培养河流泥沙动力学方面的本科专业,并取得了一系列丰硕的理论成果和基于理论成果研制的适合于实际应用的数学模型。

武汉大学开发的 SUSBED-2 准二维恒定非均匀流全沙数学模型就是基于河流不平衡输沙理论研制的在我国范围内得到广泛应用的数学模型。在黄河沙坡头、海勃湾、万家寨、龙口、三盛公、黑河正义峡等,以及巴基斯坦、刚果(金)、喀麦隆、玻利维亚等 60 余个水利水电工程的规划设计中应用此数学模型,均取得比较满意的成果(均通过上级单位组织的评估、审查)。

3.2.1　基本方程

水流连续方程为:

$$\frac{\partial Q}{\partial x} = 0$$

因沿程流量不变,各断面流速为:

$$V_i = \frac{Q}{A_i}$$

式中:Q 为流量;V_i 为第 i 断面流速;A_i 为第 i 断面过水面积,各断面过水面积随泥沙淤积而变化。

泥沙连续方程为：

$$\gamma'\frac{\partial A_s}{\partial t}+\frac{\partial(QS)}{\partial x}+\frac{\partial G}{\partial x}=0$$

悬移质不平衡输沙计算模式为：

$$\frac{\partial(QS_k)}{\partial x}=-\alpha\omega_k B(S_k-S_{*k})$$

推移质不平衡输沙计算模式为：

$$\frac{\partial(G_k)}{\partial x}=-K_k(G_k-G_{*k})$$

床沙组成方程为：

$$\gamma'\frac{\partial(E_m P_k)}{\partial t}+\frac{\partial(QS_k)}{\partial x}+\varepsilon_1\left[\varepsilon_2 P_{0k}+(1-\varepsilon_2)P_k\right]\left(\frac{\partial Z_s}{\partial t}-\frac{\partial E_m}{\partial t}\right)=0$$

式中：A_s 为断面淤积变形面积；γ' 为泥沙容重；S_k 和 S_{*k} 分别为悬移质分组含沙量和分组水流挟沙力；ω_k 为分组泥沙的沉速；α 为恢复饱和系数；P_k 为混合层床沙组成；P_{0k} 为原始床面泥沙级配；E_m 为混合层厚度；ε_1 和 ε_2 为标记，纯淤积计算时 $\varepsilon_1=0$，否则 $\varepsilon_1=1$，当混合层下边界波及原始床面时 $\varepsilon_2=1$，否则 $\varepsilon_2=0$；k 为非均匀沙分组序数，且满足 $S=\sum S_k$，$S_*=\sum S_{*k}$，$G=\sum G_k$，$G_*=\sum G_{*k}$。

3.2.2 定解条件

数学模型的定解条件包括边界条件和初始条件。边界条件包括水流边界条件和泥沙边界条件；初始条件有水流和泥沙初始条件，原始河床断面和床沙级配是最重要的初始条件。

根据特征线理论，首先在求解域的边界上求得方程特征线的特征方向，如果特征线的特征方向由求解域外指向域内，说明边界值对求解域内的结果有影响，则需在此边界上给出边值或初值；反之，说明边界值对求解域内的结果没有影响，则此边界上不需提供边值或初值。至于在此边界上需提供什么物理量的边值、初值，则应由特征线上的特征关系和实际能够得到的资料综合确定。

方程的边界条件和初始条件归纳为：入口断面流量过程线；出口断面水位过程线；初始河床高程；入口断面分组悬移质含沙量过程；入口断面分组推移质输沙率、初始断面河床床沙质级配；混合层初始厚度。

上游进口断面边界条件是由天然资料概化的流量过程资料，坝前断面边界条件由设计确定的坝前水位调度方案给出，悬移质和推移质边界条件由概化的天然资料确定。

3.2.3 辅助计算公式

模型采用结构编程，十分方便模型使用者选用适合的辅助计算公式，并嵌入到计算应用软件中，主要有以下公式：

（1）阻力计算公式为：

$$J_{f} = \frac{Q^2 n^2}{R^{3/4} A^2};$$

（2）分组水流挟沙力采用张瑞瑾公式计算：

$$S_{*k}(d_k) = K \left(\frac{U^3}{gh\omega_k} \right)^m$$

$$S_{*k} = \beta_k^* S_k^*(d_k)$$

$$\beta_k^* = \frac{\left(\dfrac{P_R}{\alpha_k \omega_k} \right)^r}{\sum\limits_k \left(\dfrac{P_R}{\alpha_k \omega_k} \right)^r}$$

式中：K、m 分别为待定的系数和指数，一般情况下可根据实测资料确定；α 为恢复饱和系数，冲刷时取 $\alpha = 1$，淤积时取 $\alpha = 0.25$；R 为水力半径，U 为断面平均流速。

（3）混合层厚度 $E_m = C_d h$，h 为水深，系数 C_d 一般取 $0.1 \sim 0.3$。对于水库，可取 $E_m = 2.0\ \mathrm{m}$。

（4）推移质计算公式选用梅叶–彼德公式，即

$$g_{*k} = \frac{\left[\left(\dfrac{n'}{n} \right)^{2/3} rhJ_f - 0.047(r_s - r)d_k \right]^{3/2}}{0.125 \left[\dfrac{(r_s - r)}{r} \right] \left(\dfrac{r}{g} \right)^{1/2}}$$

1987 年，此模型的研制方与中国水电顾问集团公司成都勘测设计研究院利用龚嘴水库实测资料进行了背靠背的验证计算。验证计算结果表明，在库区淤积总量、淤积洲头推进过程、淤积形态、淤积物沿程分布、出库泥沙颗粒级配等方面与实测数据基本吻合，取得了比较满意的效果。

3.2.4　计算参数

准二维恒定非均匀流全沙数学模型中的水流挟沙力公式中的参数 k、m，在分析计算天然河道冲淤情况基础上，结合国内（如黄河海勃湾、沙坡头、大柳树、万家寨、龙口等水电站，云南李仙江戈兰滩水电站，新疆哈熊沟水电站等）和国外〔如巴基斯坦 kohala 水电站、Duber khwar 水电站、Khan khwar 水电站、Suki Kinari 水电站，刚果（金）zongo Ⅱ 水电站〕几十个工程水流挟沙力公式中参数的率定经验。

库区糙率：据现场考察情况分析判断，库尾天然河道糙率一般取 0.04，库区泥沙淤积后淤积物颗粒较细的河段糙率取 0.025，区间糙率值则根据淤积物颗粒粗细程度内插使用。

3.2.5　输入条件

3.2.5.1　地形条件

为了进行库区泥沙研究，需要库区坝址上游纵横断面资料。

3.2.5.2 水沙代表系列

一般为日流量与日输沙率资料。

3.2.5.3 水库调节成果

坝前逐日水位过程由工程规划专业根据电站的发电、灌溉等任务要求调算。

现有水沙数学模型为武汉大学杨国录开发的 SUSBED-Ⅱ准二维恒定非均匀流全沙数学模型。所谓准二维模型,是在一维水流泥沙方程组差分、求解的基础上,依照实际工程经验对泥沙冲淤在库区各个横断面的含沙量沿垂线分布进行模拟,扩展为准三维数学模型,即在现有准二维恒定非均匀流全沙数学模型的基础上,依据实际工程经验拟合水库库区至坝前水流含沙量沿垂线分布的曲线,实现电站水库自库尾至坝前段准三维数学模拟,即计算出水流含沙量在各个时段、各个河段沿垂线的梯度分布,以及取水口、泄洪排沙底孔的水流含沙量、颗粒级配等,为电站水库取水口高程的确定提供支撑。

阿扎德帕坦电站水库自库尾至坝前段各断面含沙量沿垂线梯度分布示意图如图 3-1 所示。

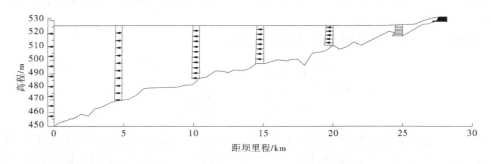

图 3-1　阿扎德帕坦电站水库自库尾至坝前段各断面含沙量沿垂线梯度分布示意图

第 4 章　巴基斯坦吉拉姆河梯级电站联合调度研究

4.1　研究背景

巴基斯坦吉拉姆河属多泥沙河流,天然情况下玛尔、阿扎德帕坦、卡洛特坝址多年平均悬移质输沙量为 3 200 万 t 左右,多年平均径流量约 800 m³/s,多年平均水流含沙量约 1.25 kg/m³,水库库沙比约为 5,属泥沙问题非常严重型工程。吉拉姆河梯级电站都具有"流量较大、沙量较多、库容较小,水库泥沙问题突出"等特点。

四个梯级电站(含玛尔上游的科哈拉水电站)的主要任务为发电,均为日调节电站。为保证电站正常运行,设计时各电站仅考虑了单独运行工况,采用了降低库水位冲沙与停机冲沙相结合的排沙调度运行方式。其中,科哈拉水电站多年平均停机冲沙 2 d,玛尔、阿扎德帕坦和卡洛特水电站多年平均停机冲沙 10 ~ 16.8 d,累计电量损失约 7.52 亿 kW·h。

四个电站建成后,由于梯级电站首尾衔接,利用水头重叠,泥沙淤积后引起的水库回水使上一级电站尾水位的抬升进一步加剧,可能造成科哈拉、玛尔、阿扎德帕坦 3 个电站水头减少,电量损失。

因此,为保证吉拉姆河干流梯级电站正常运行,应首先在确保下一级水库不因泥沙淤积而抬高本级电站尾水位的基础上,寻求优化的减少停机时间的联合排沙调度运行方式;其次应确保各个电站水库的调节库容长期保持;最后应确保电站进水口处"门前清",以减少粗颗粒泥沙进入引水口,尽可能降低电站引水水流泥沙含量,减轻水轮机泥沙磨损。

研究梯级电站联合调度、提高电站发电效益、协调各梯级电站调水调沙运行方式以保障电网的安全运行,是巴基斯坦吉拉姆河干流梯级电站运行的当务之急。

目前,梯级电站均由中国公司投资兴建,其中科哈拉、玛尔和卡洛特水电站由中国长江三峡集团有限公司投资建设,阿扎德帕坦水电站由中国葛洲坝集团有限公司投资建设;四个电站均采用 BOOT 的模式运行,目前的电价政策及考核机制按以容量电价为主的"巴基斯坦 2002 年电价政策"执行。

由于各电站的前期论证工作及项目开发进程不同,电站设计边界条件也有差别,在梯级项目建设时机逐步明确的条件下,有必要对整个梯级电站的联合运行进行研究。

对吉拉姆河干流梯级电站建设期联合开发,以及运行期水情测报系统共享、梯级联合洪水调度、排沙调度、发电调度、联合管理和协调机制等方面进行研究,通过科学合理的调度,最大限度地挖掘水电站的调节性能,改善供电稳定性,发挥工程和设备潜力、充分利用水能资源,使梯级电站的效益最大化。

4.1.1　流域概况

吉拉姆河是印度河主要支流之一,发源于印控克什米尔地区皮尔潘杰尔山西南部的韦尔纳格泉,流经著名的皮尔潘杰尔山脉,支流多发源于 Ludder 峡谷的冰川。河流从东南向西北方向穿越克什米尔高原,沿程有 Sind 河、Pohsu 河等多条支流汇入,穿过印控克什米尔首府斯利那加(Srinagar)市和乌拉尔(Wular)湖等地区,之后河流转向西,在巴拉穆拉(Baramola)以下河段,河道落差增大,河谷开始变窄。在查科蒂,河流进入巴控 AJK 地区,流入高山峡陡峭地段,继续向西流经科哈拉电站坝址,到达穆扎法拉巴德市。右岸有支流尼拉姆河汇入,此后河流急转向南,约 10 km 右岸有穿越 Kaghan 峡谷的库纳尔河汇入,约 30 km 流经科哈拉村,继续向南约 24 km 为玛尔水电站坝址,再流入下一级梯级阿扎德帕坦水电站,流经卡洛特水电站后注入曼格拉水库,最终汇入印度河。

4.1.2　梯级开发规划

吉拉姆河干流梯级开发方案研究始于 20 世纪 60 年代。1975 年,在加拿大国家开发署(CIDA)的援助下,加拿大蒙特利尔工程公司(Monenco)对巴基斯坦经济指标较好的水电站进行了研究排序,以满足巴基斯坦长期电力需求。1984—1989 年,德国 GTZ 公司对该项研究成果进行了更新,提出曼格拉大坝以上河段规划梯级主要有卡洛特、阿扎德帕坦、玛尔、阿巴希安、科哈拉、尼拉姆-吉拉姆和查科蒂-哈哈。但由于科哈拉和尼拉姆-吉拉姆梯级的实施,阿巴希安梯级随后被 WAPDA(巴基斯坦水电发展署)取消。

2008 年 5 月,在总结以往相关规划成果和梯级电站设计成果的基础上,重点开展了水文和规划等工作,对吉拉姆河干流曼格拉大坝以上河段梯级开发方案进行了复核,编制完成了《吉拉姆河水电规划报告》。根据该水电规划报告,吉拉姆河科哈拉至曼格拉河段规划有 5 座装机容量超 500 MW 的水电站,分别为科哈拉、玛尔、阿扎德帕坦、卡洛特和曼格拉。

综合以往相关规划设计成果分析,吉拉姆河科哈拉至曼格拉河段梯级开发方案为科哈拉(1 120 MW)—玛尔(640 MW)—阿扎德帕坦(640 MW)—卡洛特(720 MW)—曼格拉(1 000 MW),共五级,如图 4-1 所示。

4.1.3　工程概况

4.1.3.1　科哈拉水电站

科哈拉水电站厂房距伊斯兰堡的公路里程为 85 km,距上游的穆扎法拉巴德约 35 km,坝址距下游的穆扎法拉巴德约 30 km,工程开发任务为发电。

坝址处控制流域面积 14 060 km^2,根据哈坦(喀纳里)站实测流量转至坝址的 1970—2012 年径流系列分析,汛期开始较早,径流年内分配不均,年际变化大,坝址处多年平均流量 302 m^3/s,多年平均年径流量 95.2 亿 m^3。

以喀纳里(哈坦)站、多默尔站两站内插法计算坝址设计洪水,采用坝址处 1992 年洪水过程作为典型,得到大坝设计和校核标准洪水过程线。500 年一遇洪水洪峰流量为 5 410 m^3/s,2 000 年一遇洪水洪峰流量为 6 660 m^3/s。

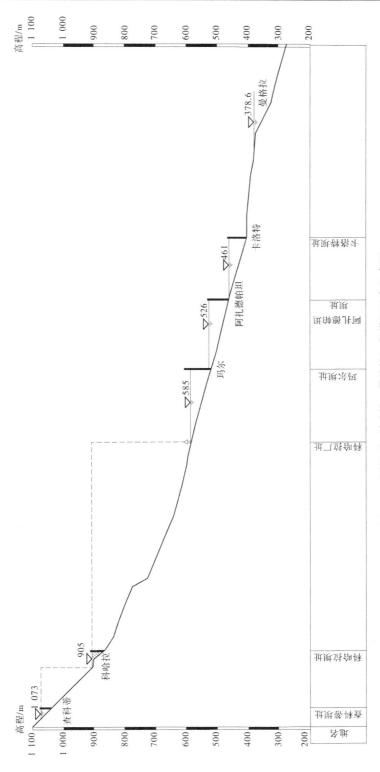

图 4-1　吉拉姆河科哈拉至曼格拉河段梯级开发示意图

科哈拉坝址多年平均悬移质输沙量为 317 万 t,多年平均含沙量为 0.33 kg/m³;采用推悬比为 15%,即推移质输沙量 47 万 t。多年平均总输沙量为 364 万 t。多年平均入库水沙年内分配并不均匀,4—7 月水量占全年的 57.74%,而同期沙量则占全年的 73.89%。

科哈拉水库正常蓄水位 905 m,正常蓄水位以下库容 1 778 万 m³。电站总装机容量 1 124 MW,其中主电站装机 1 100 MW(4×275 MW),生态基流电站装机 24 MW(2×12 MW)。主电站多年平均发电量 49.81 亿 kW·h,保证出力为 102 MW,装机利用小时数 4 528 h。生态基流电站多年平均发电量 1.68 亿 kW·h,保证出力 14.2 MW,装机利用小时为 6 979 h。主电站与生态基流电站总发电量为 51.49 亿 kW·h。

科哈拉水电站工程为引水式电站,工程主要建筑物由首部枢纽、发电引水系统及电站厂房系统等三部分组成。首部枢纽主要包括拦河坝、生态流量电站及坝区永久营地等。发电引水系统主要有电站进水口、引水隧洞、调压井、压力管道等。电站厂房系统主要包括半地下厂房、尾水洞、开关站及厂区永久营地等。

拦河坝为曲线形混凝土重力坝,坝顶高程 910 m,最大坝高 69 m,坝顶长度 270 m。

科哈拉水电站泄水建筑物由泄流底孔和溢洪道组成,其中 4 个泄洪底孔兼有泄洪和冲沙作用,布置在河道中间,底板高程 862 m,孔口尺寸为 6 m×7 m。2 孔开敞式表孔溢洪道主要为泄洪作用,堰顶高程 892 m,宽 15 m。

电站进水口为岸塔式独立进水口,由 2 个独立的进水塔段并排组成。进水口底板高程 882.00 m,顶高为 911.20 m,进水口高 32.7 m。

两条引水隧洞洞线相互平行,中心线间距 45 m,隧洞直径 8.5 m,单洞长度约为 17.4 km,总设计引水流量为 425 m³/s。

主厂房上部结构宽 31.5 m,长 144 m,机组安装高程为 573.5 m。副厂房布置在主厂房左侧,为 4 层框架结构。尾水洞采用一机一洞布置,单条尾水洞长度 74 m,纵坡 18%,城门洞型断面尺寸 7.1 m×6.5 m,出口高程 572.00 m。尾水渠底宽 96 m,长 19.5 m,出口底高程 578.5 m。

工程施工总工期为 78 个月。枢纽工程总体布置见图 4-2。

科哈拉水电站由中国长江三峡集团有限公司控股的三峡南亚公司投资建设,采用 BOOT 模式运行。2016 年 6 月完成项目可行性研究报告,2019 年上半年项目融资关闭;2018 年 9 月,水电站完成项目推进工作;电站计划 2024 年左右投入运营,项目特许经营期 30 年。

4.1.3.2　玛尔水电站

玛尔水电站位于巴基斯坦东北部旁遮普(Punjab)省和阿扎德查谟克什米尔地区(Azad Jammu and Kashmir,AJK)交界的吉拉姆河上,为吉拉姆河梯级开发的第 2 级,其上游为科哈拉水电站,下游为阿扎德帕坦水电站。电站坝址位于玛尔河和吉拉姆河交汇处上游 5 km 处,距 AJK 地区首府穆扎法拉巴德公路里程约 70 km,距离首都伊斯兰堡约 95 km。

水电站坝址以上集水面积约为 25 334 km²。坝址多年平均径流量 251 亿 m³,多年平均流量 796 m³/s。

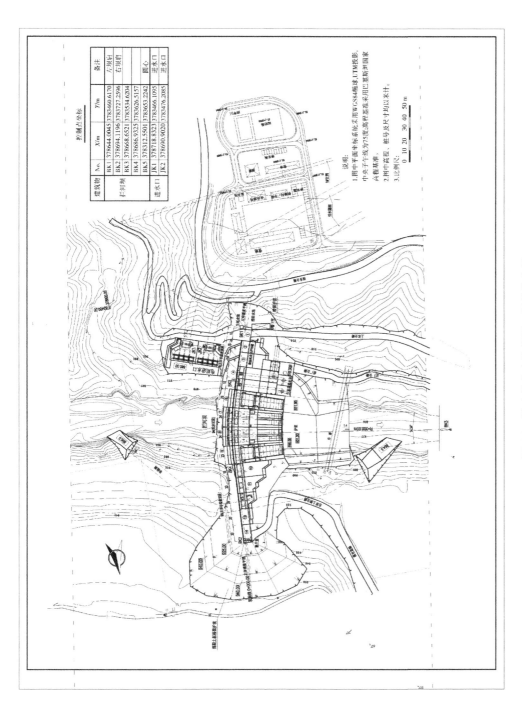

图 4-2　科哈拉水电站枢纽工程总体布置

　　玛尔水电站位于吉拉姆河流域干流中游,暴雨和融雪是本流域形成洪水的主要因素。年最大洪水一般发生在4—9月,其中4—5月以融雪为主,6—9月以暴雨为主,洪水量级以8月、9月为大。玛尔水电站坝址上游的科哈拉站和下游阿扎德帕坦站洪峰流量相关性总体较好。因此,采用上述两站为依据站,推算玛尔坝址设计洪水。500年一遇洪水洪峰流量为18 500 m³/s,2 000年一遇洪水洪峰流量为23 300 m³/s。

　　依据卡洛特站和阿扎德帕坦站1970—2015年悬移质年输沙量数据,按照面积比缩放,结合玛尔坝址专用站2015年实测数据,推算玛尔水电站坝址处的悬移质年输沙量系列,计算得到玛尔水电站坝址处多年平均悬移质年输沙量为3 027万t,多年平均含沙量为1.21 kg/m³。

　　水库正常蓄水位585 m,死水位577 m,校核洪水位($P=0.05\%$)587.66 m,设计洪水位($P=0.2\%$)585 m,总库容1.54亿m³,调节库容3 834万m³,死库容1.01亿m³。电站总装机容量640 MW,保证出力96.33 MW,多年平均发电量2 676 GW·h,年利用小时数4 181 h。

　　玛尔水电站为Ⅱ等大(2)型工程,由碾压混凝土重力坝、引水发电建筑物等永久性水工建筑物构成,枢纽布置采用碾压混凝土重力坝+坝后式厂房方案。

　　碾压混凝土重力坝坝轴线为直线布置,坝轴线方位角为N71°E。坝顶高程592.40 m,建基面高程504.00 m,最大坝高88.4 m。大坝坝顶长度372.50 m,坝顶宽度10 m,坝底最大宽度为101.15 m。大坝从左岸到右岸分别布置有左岸挡水坝段、电站进水口坝段、泄洪排沙孔坝段、溢流坝段、右岸挡水坝段。拦河坝共分20个坝段,布设19条横缝。

　　玛尔水电站泄洪建筑物选用5孔15 m×22 m(宽×高)的泄洪表孔和4孔5.5 m×8 m(宽×高)的泄洪排沙孔。溢流表孔布置在主河床偏右岸坝段,5孔表孔堰顶高程为563.00 m;校核工况下5孔表孔最大泄流能力18 462 m³/s,表孔的消能方式为宽尾墩+底流消力池联合消能。泄洪排沙孔采用有压坝身泄水孔,设置在电站进水口坝段右侧,每个坝段设2孔,共4孔,底槛高程为540.00 m,下泄水流采用底流消能。

　　引水发电建筑物包括电站进水口、坝后背管、坝后式厂房及尾水渠等。进水口采用坝式进水口,由3个独立的进水口并排组成,三条管轴线平行布置,厂房布置在大坝下游,厂房中心线距坝轴线110 m,主厂房尺寸为166.50 m×34.00 m×82.70 m,共安装3台单机容量为213.33 MW的混流式水轮发电机组。

　　本工程施工总工期为72个月。枢纽工程总体布置见图4-3。

4.1.3.3　阿扎德帕坦水电站

　　阿扎德帕坦水电站距伊斯兰堡约90 km,距上游的穆扎法拉巴德约90 km。阿扎德帕坦水电站的开发任务为发电。

　　坝址以上控制流域面积为26 183 km²,根据坝址1965—2014年径流系列资料分析,径流年内分配不均,年际变化大,坝址处多年平均流量817 m³/s,多年平均年径流量257.7亿m³。

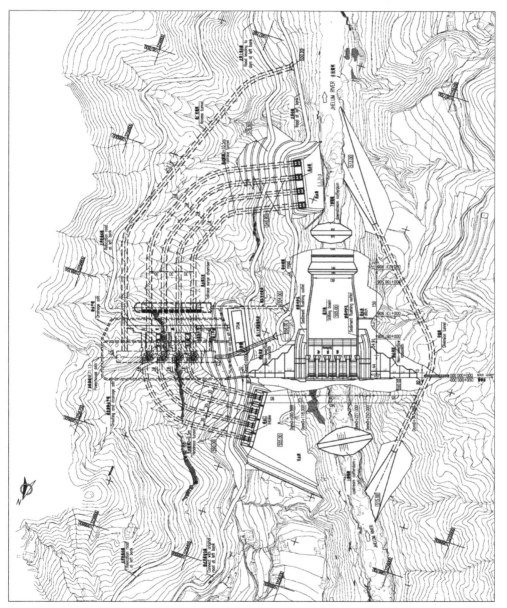

图 4-3　玛尔水电站枢纽工程总体布置

以科哈拉水文站和阿扎德帕坦水文站作为计算坝址洪水的依据站。坝址设计洪水成果采用面积比的方法将阿扎德帕坦水文站各频率的设计值折算到阿扎德帕坦水电站坝址处。洪峰面积比指数采用 2/3 次方,洪量面积比指数采用 1。阿扎德帕坦坝址千年一遇设计洪水洪峰流量为 21 600 m^3/s,万年一遇设计洪水洪峰流量为 29 600 m^3/s。

阿扎德帕坦水库坝址以上流域年均悬移质输沙量为 3 272 万 t,天然状态下采用推悬比为 15%,推移质输沙量为 491 万 t,总输沙量为 3 763 万 t;年平均含沙量为 1.27 kg/m^3。

阿扎德帕坦水电站水库正常蓄水位 526 m,正常蓄水位以下库容 1.12 亿 m^3。电站总装机容量 700.7 MW。电站多年平均发电量 3 233 GW·h,保证出力为 100.7 MW,装机利用小时数 4 614 h。

阿扎德帕坦水电站工程永久建筑物由拦河坝、电站进水口、引水压力管道、地下厂房、尾水洞及地面开关站等组成。

阿扎德帕坦水电站拦河坝采用曲线型碾压混凝土重力坝,坝顶高程 536.00 m,最大坝高 96 m,坝顶全长约 264 m。自左向右依次为左岸非溢流坝段、左岸表孔坝段、底孔坝段、右岸表孔坝段、右岸非溢流坝段。

为了满足业主要求的泄洪标准,并考虑在不同库水位的泄流具有一定的灵活性,泄水建筑物由 7 个表孔、2 个底孔组成。表孔堰顶高程为 506.00 m,孔口尺寸为 14 m×20 m(宽×高);采用 WES 堰,下游坡度为 1∶0.85,闸墩宽 6.0 m。每孔均设工作闸门和事故检修闸门,工作闸门为露顶式弧形闸门,由液压启闭机操作,启闭机室设在闸墩顶部下游侧;工作闸门前设置的叠梁检修闸门,由坝顶门机启闭。底孔担负着泄洪排沙任务,位于大坝中部,共 2 孔,孔口尺寸为 7 m×8 m(宽×高),进水口底坎高程 473.00 m,底孔首部设置一道平板事故检修闸门,由坝顶门机启闭。工作弧门布置在出口处,由液压启闭机启闭,启闭机室设在底孔下游的边墙上。泄洪建筑物最大下泄流量为 35 650 m^3/s。

电站进水口采用岸塔式,紧邻拦河坝左坝肩布置。进水口底高程为 504.80 m,进水口沿水流方向依次设有拦污栅、检修闸门和快速闸门,采用移动式清污机进行清污。闸门孔口尺寸为 4.25 m×9 m,采用移动门机启闭。采用单管单机的引水方式。总共有 4 条引水管线,$1^\#$~$4^\#$引水洞长分别为 124.7 m、168.9 m、213.1 m、257.3 m。隧洞采用钢板衬砌,衬砌后直径为 8.5 m,进入厂房前渐变为 7.82 m。

电站厂房为地下厂房,主厂房内安装 4 台立轴混流式机组,机组间距为 40.0 m,主机洞室长 175.6 m,宽 24.9 m,厂房高 60.15 m。安装间布置在主厂房端部,主交通竖井布置在主厂房的右端,正对着厂房卸货平台。进厂交通主要通过交通竖井,主交通竖井直径 16.0 m,高度约 73.0 m。主厂房下部结构高 37 m,自下而上分别布置有尾水管层、水轮机层、母线层和发电机层。主机洞室与地面开关站通过母线廊道连接,母线廊道为城门洞型。

尾水建筑物包括尾水隧洞和尾水闸门竖井,尾水隧洞采用一机一洞,$1^\#$~$4^\#$机尾水洞长度分别约为 103.82 m、148.45 m、189.08 m、231.89 m。尾水隧洞采用圆形断面,内直径为 12 m,混凝土衬砌。

本工程施工总工期为 69 个月,枢纽工程总体布置见图 4-4。

巴基斯坦于 2018 年 5 月 17 日批准了本项目 EPC 阶段的电价。2018 年 8 月,中水北

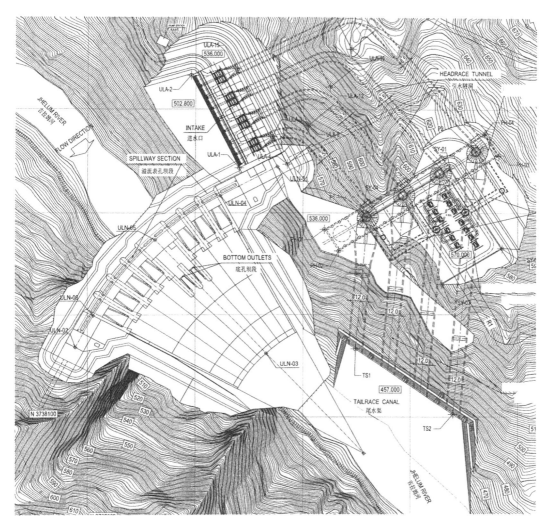

图 4-4　阿扎德帕坦水电站枢纽工程总体布置

方勘测设计研究有限责任公司完成本项目的融资可行性研究报告。2018 年 12 月完成详细设计报告。电站计划 2024 年左右投入运营,项目特许经营期 30 年。

4.1.3.4　卡洛特水电站

卡洛特水电站坝址位于巴基斯坦旁遮普省境内卡洛特桥上游约 1 km,下距曼格拉大坝 74 km,西距伊斯兰堡直线距离约 55 km。

坝址以上控制流域面积 26 700 km²,根据 1970—2010 年(1993 年缺测)共 40 年径流系列分析,坝址处多年平均流量 819 m³/s,多年平均年径流量 258.3 亿 m³。大坝设计洪水标准为 500 年一遇,相应洪峰流量为 20 700 m³/s;校核洪水标准为 5 000 年一遇,相应洪峰流量为 29 600 m³/s。坝址以上流域多年平均悬移质输沙量为 3 315 万 t,多年平均含沙量为 1.28 kg/m³,推移质输沙量为 497 万 t,总输沙量为 3 812 万 t。

工程开发任务为发电,水库正常蓄水位 461 m,死水位 451 m,正常蓄水位以下库容

1.52 亿 m³,死库容 1.03 亿 m³,调节库容 0.49 亿 m³,水库库沙比 5.2。电站装机容量 720 MW(4×180 MW),保证出力 116.1 MW,多年平均年发电量 32.06 亿 kW·h,装机年利用小时数 4 452 h;安装 4 台单机容量 180 MW 的混流式水轮发电机组,额定水头 65 m,单机引用流量 312.1 m³/s。

枢纽工程主要由沥青混凝土心墙堆石坝、溢洪道、引水发电建筑物和导流建筑物等组成。沥青混凝土心墙堆石坝布置在河湾湾头,溢洪道斜穿河湾地块山脊布置,出口在最下游,其控制段布置泄洪表孔和泄洪排沙孔;电站进水口布置在溢洪道进水渠左侧靠近控制段,厂房布置在卡洛特大桥上游;导流洞布置在电站与大坝之间。卡洛特水电站枢纽平面布置如图 4-5 所示。

图 4-5　卡洛特水电站枢纽平面布置

沥青混凝土心墙堆石坝坝顶高程 469.5 m,最大坝高 95.5 m,坝顶宽度 12.0 m,坝顶长 460.0 m。

溢洪道由进水渠、控制段、泄槽、挑坎及下游消能区组成。进水渠表孔侧渠底高程 431.0 m,泄洪排沙孔侧渠底高程 423.0 m,渠底总宽 143.9 m,渠长约 250.54 m。控制段坝顶高程 469.5 m,最大坝高 55.5 m,坝顶长 218.0 m。为满足排沙调度要求,在排沙水位 446 m 时,泄洪冲沙孔泄洪能力按满足下泄两年一遇洪峰流量(2 460 m³/s)或稍有富余,枢纽总的泄流能力按不小于五年一遇洪峰流量(4 660 m³/s)的原则进行设置,控制段坝身布置 6 个泄洪表孔和 2 个泄洪排沙孔。表孔堰顶高程 439.0 m,孔口尺寸为 14 m×22 m(宽×高);泄洪排沙孔进口底板高程 423.0 m,出口尺寸为 9 m×10 m(宽×高)。

引水发电建筑物布置在吉拉姆河右岸河湾地块内,采用引水式地面厂房。进水口位于溢洪道进水渠左侧岸坡,底板高程 430.5 m,前缘设拦沙坎,坎顶高程 440.0 m;进水塔采用岸塔式。引水隧洞采用一机一洞布置,洞径 7.9~9.6 m。主厂房为岸边引水式地面厂房,总尺寸为 164.9 m×27 m×60.5 m(长×宽×高),安装 4 台单机容量为 180 MW 的混流式水轮发电机组。

上游土石围堰堰顶高程 435.0 m,下游土石围堰堰顶高程 407.5 m;导流隧洞进口底板高程 388 m,出口高程 385 m,隧洞断面为直径 12.5 m 的圆形洞,三条导流隧洞长度分别为 420.7 m、447.3 m 和 473.8 m。

本工程施工总工期为 5 年(60 个月),首台机组完成试运行工期 4 年 5 个月(53 个月)。其中,施工准备期 23 个月,主体工程施工期 30 个月,工程完建期 7 个月。

各梯级电站的主要工程特性见表 4-1。

表 4-1　各梯级电站的主要工程特性

序号	项目	单位	科哈拉	玛尔	阿扎德帕坦	卡洛特
1	水文参数					
1.1	坝址控制流域面积	km²	14 060	25 334	26 183	26 700
1.2	坝址多年平均流量	m³/s	302	796	817	819
1.3	坝址多年平均输沙量	万 t	364	3 481	3 763	3 812
1.4	设计洪水标准	%	0.2	0.2	0.1	0.2
	相应洪峰流量	m³/s	5 410	18 500	21 600	20 700
1.5	校核洪水标准	%	0.05	0.05	0.01	0.02
	相应洪峰流量	m³/s	6 660	23 300	29 600	29 600
1.6	多年平均悬移质年输沙量	万 t	317	3 027	3 272	3 315
1.7	多年平均含沙量	kg/m³	0.33	1.21	1.27	1.28
1.8	多年平均推移质年输沙量	万 t	47	454	491	497
2	水库特征水位及参数					
2.1	正常蓄水位	m	905	585	526	461
2.2	死水位	m	896	577	522	451
2.3	设计洪水位	m	905	585	529.30	461.13
2.4	校核洪水位	m	905	587.66	533.28	467.06
2.5	总库容	万 m³	1 778	15 421	14 700	18 810
2.6	正常蓄水位以下库容	万 m³	1 778	13 967	11 190	15 200
2.7	死库容	万 m³	347	10 133	9 060	10 295
2.8	调节库容	万 m³	511	3 834	2 180	4 905
2.9	库容系数	%	0.05	0.2	0.08	0.19
2.10	库沙比		6.4	5	4	5.2
2.11	调节性能		日调节	日调节	日调节	日调节

续表 4-1

序号	项目	单位	科哈拉	玛尔	阿扎德帕坦	卡洛特
3	发电效益					
3.1	装机容量	MW	1 124	640	700.7	720
3.2	机组台数	台	4大2小	3	4	4
3.3	保证出力	MW	116.2	96.33	100.7	116.1
3.4	年发电量	亿 kW·h	51.49	26.76	32.33	32.06
3.5	装机年利用小时数	h	4 581	4 181	4 614	4 452
3.6	额定水头	m	292	55	61.7	65
3.7	额定流量	m³/s	425	1 305	1 260	1 248.4
4	主要建筑物					
4.1	坝型		混凝土重力坝	碾压混凝土重力坝	碾压混凝土重力坝	沥青混凝土心墙堆石坝
4.2	最大坝高	m	69	88.4	103	95.5
4.3	泄洪排沙建筑物数量	孔	表孔2 泄洪排沙孔4	表孔5 泄洪排沙孔4	表孔7 泄洪排沙孔2	表孔6 泄洪排沙孔2
4.4	表孔孔口尺寸	m×m	15×13	15×22	14×21	14×22
4.5	泄洪排沙孔孔口尺寸	m×m	6×7	5.5×8	7×8	9×10
5	施工总工期	月	78	72	69	60

4.2　河段水沙条件

4.2.1　流域概况

4.2.1.1　水系及地形

吉拉姆河是印度河(Indus River)流域水系最大的支流杰纳布(Chenab)河的支流,发源于克什米尔山谷的威尔纳格泉,在阿纳恩特纳格(Anantnag)地区向西北流经皮尔潘杰尔山脉和喜马拉雅山脉峡谷,在斯利那加附近出峡谷地区之后,流经较为平坦的克什米尔谷地进入乌拉尔(Wular)湖,在索布尔(Sopore)附近出湖,至穆扎法拉巴德后转向南,并接纳尼拉姆河(Neelum)和库纳尔河两大支流,在曼格拉附近穿过西瓦利克(Siwalik)山进入冲积平原,然后在吉拉姆河镇沿索尔特(Salt)山转向西南至胡沙布(Khushab),最后向南在特里穆(Trimmu)附近注入杰纳布河。吉拉姆河干流全长 725 km,流域面积 6.35 万km²。流域最高峰为嫩贡山,海拔高程 7 135 m。

吉拉姆河有四条主要支流,分别为库纳尔河、尼拉姆河、玛尔河和庞其(Poonch)河。

吉拉姆河在乌拉尔湖以上集水面积约为 1.03 万 km²,属河流的源头地区,吉拉姆河流经峡谷地区,左岸为比尔本贾尔山,右岸为喜马拉雅山脉。当季风低压抵达吉拉姆河流域附近地区时,暖湿气流由于地形抬升作用常在该区域形成强降水。降水量随地形抬升而增加,在海拔 1 800~3 600 m 达最大值,在海拔 3 600 m 以上,降水又逐渐减少。乌拉尔湖对入湖的洪水起着削峰和滞洪作用。出乌拉尔湖之后,吉拉姆河流经一段长达 12 km 的相对平坦的区域至巴拉穆拉(Baramula),随后河道坡度陡增至 2.86% 流至穆扎法拉巴德,区间集水面积为 4 196 km²。与河源区的降水相比,乌拉尔湖至穆扎法拉巴德河段区域的降水有所增加,区域产水量较大。河流经穆扎法拉巴德向南进入高山区,该区域位于皮尔潘杰尔山脉和西瓦利克山脉之间,在季风加强情势下,是强季风雨区,西南和东南季风气流均可抵达该区域。由皮尔潘杰尔山脉和西瓦利克山脉地形抬升形成的降雨强度仅次于河源地区。

尼拉姆河是吉拉姆河干流右岸的最大支流,集水面积为 7 278 km²,其上游地区为高山区,少有季风雨,在上游地区会出现冬季降水大于夏季降水情况;与上游相比,下游地区的季风雨显著增加。

库纳尔河是吉拉姆河干流右岸水量仅次于尼拉姆河的重要支流,集水面积为 2 489 km²。当热带低压抵达其北部地区时,整个河流位于西南季风气流控制之下,在夏季流域上游地区降水大于下游地区降水,在冬季则流域下游地区降水大于上游地区降水。

吉拉姆河流域水系见图 4-6,流域地形高程见 4-7。

图 4-6　吉拉姆河流域水系

4.2.1.2　气象特征

工程所在区域属于热带季风气候,气候多变,温差大,北部流域上游高山区甚至常年积雪。流域内的气候可以分为四季:3~4 月为春季,这两个月的气候不热不冷,比较温

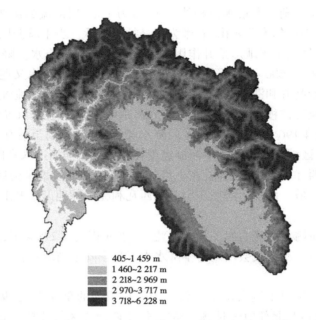

405~1 459 m
1 460~2 217 m
2 218~2 969 m
2 970~3 717 m
3 718~6 228 m

图 4-7　吉拉姆河流域地形高程

和,但干燥;5—8 月为夏季,其中 6 月的气温最高,极端最高温度可达 46.7 ℃;7 月、8 月两月多雨,因此通常又称 7 月、8 月为雨季;9—10 月为秋季;11 月至翌年 2 月为冬季,冬季昼夜气温变化比较大,白天气温可达 25 ℃,夜间有时会降至冰点,最低温度为−1.1 ℃。

年内降水分配受地形和季节影响,时空分布不均,年内以夏季降水量较大,年际间变化也较大。1—3 月降水量逐渐增加,3 月出现年内第一个峰值,月降水占全年的 10%左右;4—5 月降水量有所回落,自 6 月起受季风影响,降水量迅速增加,7—8 月降水量约占全年的 35%;9 月之后降水量减少,月降水一般占全年的 5%左右。

多默尔气象站位于本书研究梯级电站工程区域,站址位于穆扎法拉巴德城区,地理位置东经为 73°28′08″、北纬为 34°22′04″,测站于 1955 年设立,观测项目有降水、气温、蒸发、风速等,资料系列较长。

根据多默尔站 1962—2013 年降水资料,该站多年平均年降水量为 1 420 mm,最大年降水量 2 187 mm(2006 年),最小年降水量 926 mm(2001 年);在多年平均年内分配中,降水量以 7 月 280 mm 为最大,11 月 36.3 mm 为最小;多年平均降雨日为 64.7 天。

根据多默尔站 1968—2013 年蒸发资料统计,多年平均年蒸发观测值(A 型蒸发皿)为 1 412 mm,从多年平均年内分配来看,以 6 月最大,为 226.9 mm,12 月最小,为 33.8 mm;换算为多年平均水面蒸发量为 986.9 mm,多年平均年内以 6 月 158.8 mm 为最大,12 月 25.4 mm 为最小。根据曼格拉水库 1983—2007 年蒸发资料统计,多年平均年蒸发观测值为 2 016 mm,多年平均蒸发量年内以 5 月最大,为 322 mm,12 月最小,为 61.2 mm;换算为多年平均水面蒸发量为 1 398.7 mm,多年平均年内以 5 月 222.2 mm 为最大,12 月 45.9 mm 为最小。

根据多默尔站 1968—2013 年资料统计,多年平均气温 20.1 ℃,6 月、7 月的 28.7 ℃

最高,1月的 9.4 ℃最低;年极端最高温度为 46.7 ℃,年极端最低温度为−1.1 ℃。

根据多默尔站资料统计,多年平均年风速 4.79 m/s、多年平均年最大风速为 13.2 m/s。

4.2.2　水文资料

4.2.2.1　测站概况

据调查,吉拉姆河流域内有 9 个水文站,由巴基斯坦的地表水文部门建立与管理。其中,吉拉姆河干流上有喀纳里、哈坦、多默尔、恰塔卡拉斯、科哈拉、阿扎德帕坦和卡洛特 7 个水文站,昆哈河、尼拉姆河上分别设有伽利哈比拉站和穆扎法拉巴德站。各站观测资料有日、月、年平均流量和年瞬时最大流量、悬移质泥沙和年输沙量资料。

梯级电站所处吉拉姆河流域内水文站情况见表 4-2。

表 4-2　吉拉姆河流域内各水文站情况

序号	现状	水文站	所在河流	集水面积/ km²	观测年限	资料评价
1	停测	喀纳里	吉拉姆河	13 597	1970—1995	很好
2	运行	哈坦	吉拉姆河	13 792	1997—2012	很好
3	运行	多默尔	吉拉姆河	14 504	1980—2012	好
4	运行	恰塔卡拉斯	吉拉姆河	24 790	1997—2015	很好
5	停测	科哈拉	吉拉姆河	24 890	1965—1995	很好
6	运行	阿扎德帕坦	吉拉姆河	26 485	1979—2015	很好
7	停测	卡洛特	吉拉姆河	26 677	1969—1979	很好
8	运行	穆扎法拉巴德	尼拉姆河	7 278	1963—2012	好−很好
9	运行	伽利哈比拉	昆哈河	2 383	1960—2012	很好

4.2.2.2　资料分析

1. 可靠性

吉拉姆河流域内水文测站都由巴基斯坦国家水文局建设并管理,观测精度较高,所收集水文实测资料均为巴基斯坦唯一刊印资料,资料来源正规可靠,质量总体较好。

2. 一致性

吉拉姆河流域内无较大的蓄引水工程和对径流有明显改变的人类活动,仅有一些较小的引水灌溉工程和小水电站,小型灌溉引水工程为流域内引,引水量很小,在建和规划水电站仅为日调节性能;测站资料具有较好的一致性。

3. 代表性

恰塔卡拉斯站和科哈拉站均位于玛尔水电站上游,流域面积相差不足 1%,观测时间形成互补,可组成连续水文序列;阿扎德帕坦站和卡洛特站均位于玛尔水电站下游,也可组成连续水文序列;喀纳里站和哈坦站组成连续水文序列。经过插补延展后,流域内各水文站基本都具有超过 40 年观测资料,其序列在水文气象上具有较好的代表性,以玛尔上下游水文站为例,经序列合并和插补延展,科哈拉站与阿扎德帕坦站两站资料年限可达到

1965—2015 年共计 51 年,采用平均流量、模比系数和滑动平均等方法来分析径流系列的代表性。两站历年年平均流量、模比系数及年平均流量滑动平均等变化过程基本相似,见图 4-8~图 4-11。

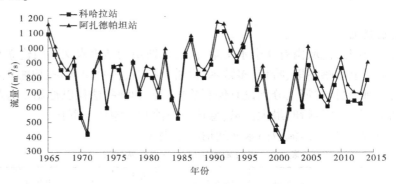

图 4-8　两站年平均流量变化过程线

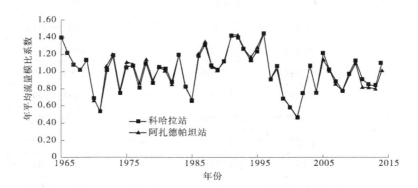

图 4-9　两站年平均流量模比系数变化过程线

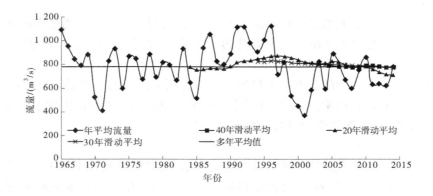

图 4-10　科哈拉站年平均流量滑动平均线

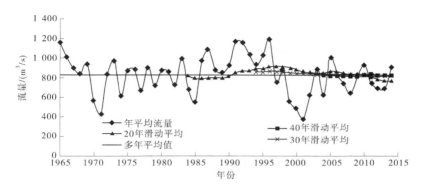

图 4-11　阿扎德帕坦站年平均流量滑动平均线

由 50 年系列模比系数变化过程线(见图 4-9)分析,两站模比系数变化过程基本一致,模比系数大于 1.0 有 30 年,占总数的 60%,模比系数小于 1.0 有 20 年,占总数的 40%。模比系数大于 1.0 的最长连续丰水年组为 1986—1996 年,共 11 年;模比系数小于 1.0 的最长连续枯水年组发生在 1999—2002 年,共 4 年。1985—2002 年包含有长丰、长枯水期,1970—1984 年、2003—2014 年的模比系数在 1.0 附近小幅波动,为平水期,说明 1965—2014 年径流系列具有较好的代表性。

从科哈拉站年平均流量滑动平均线(见图 4-10)分析,20 年滑动平均值变化范围为 710~869 m³/s,最大与最小比值为 1.223;30 年滑动平均值变化范围为 772~828 m³/s,最大与最小比值为 1.072;40 年滑动平均值变化范围为 772~794 m³/s,最大与最小比值为 1.028。由阿扎德帕坦站年平均流量滑动平均线(见图 4-11)分析,20 年滑动平均值变化范围为 770~915 m³/s,最大与最小比值为 1.188;30 年滑动平均值变化范围为 825~870 m³/s,最大与最小比值为 1.054;40 年滑动平均值变化范围为 816~836 m³/s,最大与最小比值为 1.025,说明科哈拉站与阿扎德帕坦站在 30 年后多年平均流量已基本趋于稳定。

综上所述,科哈拉站与阿扎德帕坦站 1965—2014 年径流系列资料包括了丰、平、枯水年及连丰、连枯水年组,具有较好的代表性,采用类似分析方法,可知多默尔、哈坦等其他各站观测资料都具有较好的代表性。

4.2.3　径流

4.2.3.1　**流域径流特性**

吉拉姆河径流以季节性降雨、融雪水补给为主,源头没有永久冰川覆盖。流域径流与降水分布基本一致,径流深的高值区位于上游的穆扎法拉巴德附近,其次为乌拉尔湖以上河源区和穆扎法拉巴德至阿扎德帕坦区间,阿扎德帕坦至河口逐渐减小。

吉拉姆河径流量年内分配受季节性降水和融雪影响有明显的丰枯变化,依据科哈拉水文站和恰塔卡拉斯站 1965—2014 年共 50 年资料统计,3—9 月水量占全年的 86.6%,4—8 月水量占全年的 73.2%,其中 5 月、6 月最大,分别占全年水量的 17.9% 和 17.7%;10 月至翌年 2 月水量约占全年的 13.4%,一般 12 月、1 月最小,约占全年水量的 2.2%;径流量年际变化方面,年平均流量最大为 1 120 m³/s(1996 年),最小为 367 m³/s(2001 年),

年平均流量的极值比为 3.05,分别为多年平均流量的 1.43 倍和 47%。

4.2.3.2　坝址径流

1. 科哈拉

1) 坝址径流

科哈拉坝址集水面积 14 060 km²,上游附近的喀纳里站集水面积 13 609 km²,逐日流量序列 1970—1996 年,共计 27 年;哈坦站集水面积 13 938 km²,逐日流量序列 1997—2012 年,共计 16 年。坝址集水面积比喀纳里、哈坦水文站面积分别大 3.21%、0.87%,区间又没有大支流汇入,因此可采用水文比拟法由两站的日平均流量通过集水面积比计算坝址日平均流量,计算公式为:

$$Q_{dam} = 1.032 Q_{喀纳里}$$
$$Q_{dam} = 1.009 Q_{哈坦}$$

据此计算得到坝址 1970—2012 年历年的逐日平均流量系列,统计结果见表 4-3。

表 4-3　坝址径流年内分配

月份	1	2	3	4	5	6	7	8	9	10	11	12	平均
流量/(m³/s)	94.3	160	366	555	628	491	413	349	243	129	95.3	90.7	302
径流量/亿 m³	2.52	3.91	9.80	14.39	16.82	12.72	11.05	9.34	6.31	3.46	2.47	2.43	95.2
比例/%	2.65	4.11	10.3	15.1	17.7	13.4	11.6	9.81	6.63	3.63	2.59	2.55	100

坝址多年平均流量为 302 m³/s,1996 年最大,为 513 m³/s,1971 年最小,为 128 m³/s。多年平均月最大流量在 5 月,为 628 m³/s;多年平均月最小流量在 12 月,为 90.7 m³/s。日平均最大流量为 1 938 m³/s(1992 年 9 月 10 日),日平均最小流量为 16.2 m³/s(2002 年 2 月 16 日)。坝址多年平均径流量的年内月分配表明,11 月、12 月、1 月来水量最小,由地下水排泄形成基流;径流在 3 月初开始增加,5 月达到最大,并一直持续到 8 月、9 月;其中最大的 5 月径流量占全年的 17.7%,3—9 月径流量占全年的 84.5%。

对坝址多年径流系列采用 P-Ⅲ型曲线进行频率分析,频率分析成果见表 4-4。

表 4-4　坝址年径流频率计算成果　　　　　　　　　　单位:m³/s

均值	C_v	C_s/C_v	50%	70%	80%	90%	95%
302	0.38	2	288	233	204	167	141

2) 厂址径流

科哈拉水电站厂址集水面积 24 890 km²。厂址上游 9.5 km 处有恰塔卡拉斯站,厂址处下游 2.5 km 有科哈拉站。以此两站作为计算厂址径流的依据站。

科哈拉水电站厂址与科哈拉站位置较近,之间无大支流汇入,厂址 1970—1996 年的流量直接采用科哈拉站系列。厂址集水面积 24 890 km²,比恰塔卡拉斯站集水面积 24 790 km² 仅大约 0.4%,因此可按面积比拟法,由恰塔卡拉斯站 1997—2012 年日平均流

量计算坝址日平均流量,计算公式为:

$$Q_{\text{Powerhouse}} = 1.004 Q_{\text{恰塔卡拉斯}}$$

根据上述计算方法,得到厂址 1970—2012 年历年的逐日平均流量。统计日、月、年的平均流量如下:

多年平均流量为 772 m^3/s,1996 年最大,为 1 255 m^3/s,2001 年最小,为 367 m^3/s。多年平均月最大流量出现在 5 月,为 1 639 m^3/s;多年平均月最小流量出现在 1 月,为 205 m^3/s。最大日流量为 10 198 m^3/s(1992 年 9 月 10 日),最小日流量为 101 m^3/s(1975 年 1 月 5 日)。厂址多年平均径流年内分配见表 4-5。

表 4-5　厂址多年平均径流年内分配

月份	1	2	3	4	5	6	7	8	9	10	11	12	平均
流量/(m^3/s)	205	309	675	1 221	1 639	1 590	1 319	934	594	317	230	206	772
径流量/亿 m^3	5.42	7.44	17.5	31.3	44.0	41.8	35.7	25.3	15.3	8.45	5.96	5.46	243.6
比例/%	2.23	3.05	7.18	12.8	18.1	17.2	14.6	10.4	6.29	3.47	2.44	2.24	100

对厂址 43 年年径流系列采用 P-Ⅲ型曲线进行频率分析,成果见表 4-6。

表 4-6　厂址年径流频率计算成果　　　　单位:m^3/s

均值	C_v	C_s/C_v	50%	70%	80%	90%	95%
772	0.31	2	747	631	567	486	425

根据坝址、厂址的年平均流量系列,坝址、厂址的年平均流量差积曲线见图 4-12。

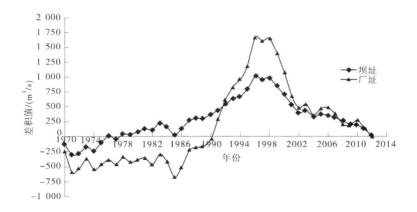

图 4-12　坝址、厂址的年平均流量差积曲线

从图 4-12 看出,坝址、厂址的年平均流量差积曲线走势基本一致,上、下游年径流丰枯变化一致。

从 1970—2012 年差积曲线看,1970—1985 年丰枯变化频繁,但主要为平水年趋势,年段长 16 年;1986—1997 年基本为较长的丰水年段,年段长 12 年;1998—2012 年为一较长的枯水年段,年段长 15 年。

与坝址的差积曲线相比,厂址的丰水年段差积曲线变化幅度大。这说明吉拉姆河上游盆地的地形、乌拉尔湖的调蓄作用等下垫面条件使坝址的年际间径流变化幅度较小;尼拉姆河上游地形海拔高于吉拉姆河上游,且无盆地湖泊的调蓄,致使尼拉姆河径流量大、年际间径流变化幅度大,因此尼拉姆河汇入后的吉拉姆河厂址处的差积曲线变化较陡。

2. 玛尔

玛尔坝址上游靠近恰塔卡拉斯、科哈拉水文站,下游靠近卡洛特、阿扎德帕坦水文站,集水面积相差均不足 5%,因此采用面积进行内插计算得到坝址逐日流量,计算公式如下:

$$Q_{Mahl} = Q_{Kohala} + \frac{Q_{Azadpattan} - Q_{Kohala}}{F_{Azadpattan} - F_{Kohala}} \times (F_{Mahl} - F_{Kohala})$$

式中:Q 为测站或坝址日平均流量,m^3/s;F 为测站或坝址集水面积,km^2。

上、下游站个别年份存在缺测情况,无法进行上下游内插计算,如 1996 年无上游科哈拉站逐日流量,则同期采用下游阿扎德帕坦站流量进行集水面积比缩放,计算方法同科哈拉坝址。

据上述方法计算得出 1965—2014 年玛尔坝址逐日平均流量系列,结合坝址 2015 年专用站实测数据,形成坝址 1965—2015 年日平均流量系列,经计算坝址多年平均来水流量 796 m^3/s。多年平均月径流量见表4-7,多年平均各旬径流量见表4-8,不同时段特征流量特征见表4-9。玛尔坝址多年平均各旬平均流量见图4-13,月平均流量见图4-14,年平均流量见图4-15。

表 4-7　玛尔坝址 1965—2015 年多年平均径流量

月份	1	2	3	4	5	6	7	8	9	10	11	12	平均
流量/(m³/s)	204	314	674	1 230	1 670	1 690	1 380	962	610	332	245	210	796
径流量/亿 m³	5.46	7.60	18.05	31.88	44.73	43.80	36.96	25.77	15.81	8.89	6.35	5.62	250.93
百分比/%	2.2	3.0	7.2	12.7	17.8	17.5	14.7	10.3	6.3	3.5	2.5	2.2	100

表 4-8　玛尔坝址 1965—2015 年各旬平均流量　　　　　　　　单位:m³/s

月份	1	2	3	4	5	6	7	8	9	10	11	12
上旬	200	250	476	1 010	1 590	1 730	1 500	1 130	732	377	265	211
中旬	196	327	659	1 210	1 670	1 670	1 380	962	621	328	249	211
下旬	215	377	868	1 470	1 730	1 670	1 280	807	478	295	221	208

表 4-9 玛尔坝址 1965—2015 年不同时段平均流量特征

时段	最大值		最小值		极值比
	平均流量/（m³/s）	时间	平均流量/（m³/s）	时间	
日	10 400	1992 年 9 月 10 日	102	1972 年 1 月 8 日	102
旬	3 320	1996 年 6 月下旬	105	1972 年 1 月中旬	32
月	2 920	1996 年 6 月	112	2001 年 1 月	26
年	1 140	1996 年	371	2001 年	3

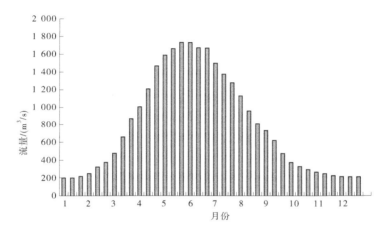

图 4-13 玛尔坝址多年旬平均流量

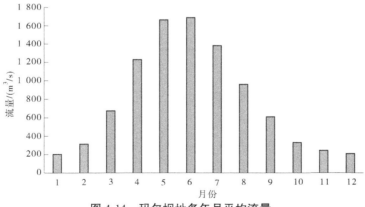

图 4-14 玛尔坝址多年月平均流量

从上述图表中看出,玛尔坝址径流主要集中在 3—9 月,占全年的 86.5%。从多年平均来看,最大月平均流量出现在 6 月,为 1 690 m³/s;最小月平均流量出现在 1 月,为 204 m³/s。最大旬平均流量发生在 5 月下旬和 6 月上旬,为 1 730 m³/s;最小旬平均流量发生在 1 月中旬,为 196 m³/s。在月系列中,月平均流量的最大值为 2 920 m³/s,出现在 1996

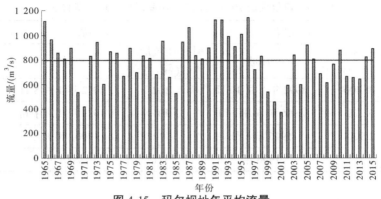

图 4-15 玛尔坝址年平均流量

年 6 月;月平均流量的最小值为 112 m³/s,出现在 2001 年 1 月。旬平均流量的最大值为 3 320 m³/s,发生在 1996 年 6 月下旬;旬平均流量的最小值为 105 m³/s,发生在 1972 年 1 月中旬。

根据本河段天然径流在年内的分布规律,按水文年统计径流计算时段为年(3 月至翌年 2 月)和枯水期(10 月至翌年 2 月)。依据玛尔坝址 1965—2015 年系列,采用 P-Ⅲ线型,分别按年平均流量、枯水期平均流量进行频率分析计算。玛尔坝址径流设计成果见表 4-10。

表 4-10 玛尔坝址径流设计成果

项目	均值/(m³/s)	C_v	C_s	不同频率设计流量/(m³/s)					
				10%	25%	50%	75%	90%	95%
年(3 月至翌年 2 月)	796	0.28	0.56	1 090	933	775	637	527	468
枯水期(10 月至翌年 2 月)	257	0.26	0.52	346	299	252	210	176	158

3. 阿扎德帕坦

阿扎德帕坦坝址径流则根据阿扎德帕坦站、卡洛特站 1965—2014 年逐日平均流量系列采用面积比法推算得到,计算结果见表 4-11。历年年平均流量见图 4-16。

表 4-11 坝址径流年内分配

月份	1	2	3	4	5	6	7	8	9	10	11	12	平均
流量/(m³/s)	218	338	709	1 251	1 690	1 720	1 410	999	638	342	250	219	817
径流量/亿 m³	5.83	8.25	19.0	32.4	45.2	44.6	37.7	26.8	16.5	9.17	6.48	5.87	258
比例/%	2.26	3.20	7.36	12.58	17.52	17.30	14.63	10.38	6.42	3.56	2.51	2.28	100

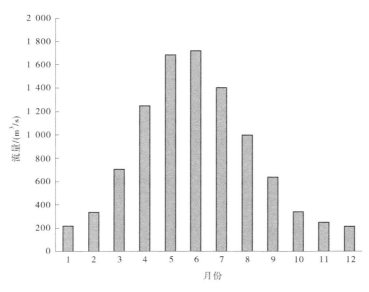

图 4-16　坝址多年平均月流量

坝址多年平均流量为 817 m³/s,1996 年最大,为 1 180 m³/s;2001 年最小,为 375 m³/s;极值比为 3.15。日平均最大流量为 10 699 m³/s(1992 年 9 月 10 日),日平均最小流量为 104 m³/s(1972 年 1 月 8 日)。坝址多年平均径流量的年内月分配表明,11 月、12 月、1 月来水量最小,由地下水排泄形成基流;最大 5 月径流量占全年的 17.5%,3—9 月径流量占全年的 86.2%。

对坝址 50 年年径流系列,采用 P-Ⅲ型曲线进行频率分析,频率计算成果见表 4-12。

表 4-12　阿扎德帕坦坝址年径流频率计算成果　　　　　单位:m³/s

均值	C_v	C_s/C_v	50%	70%	80%	90%	95%
817	0.24	2	801	704	649	578	523

4.卡洛特

卡洛特坝址设计径流计算方法同阿扎德帕坦坝址。由于设计完成时间较早,坝址径流系列为 1969 年 4 月 1 日至 2010 年(1993 年缺测)。卡洛特坝址年径流量设计成果见表 4-13,卡洛特坝址多年平均径流量见表 4-14,不同时段平均流量特征流量见表 4-15。

表 4-13　卡洛特坝址年径流量设计成果

均值/亿 m³	C_v	C_s/C_v	不同频率年径流量/亿 m³				
			10%	25%	50%	75%	90%
258.3	0.26	2	347	300	253	210	177

表 4-14　卡洛特坝址多年平均径流量

月份	1	2	3	4	5	6	7	8	9	10	11	12	平均
流量/(m³/s)	225	342	713	1 280	1 710	1 690	1 400	1 030	623	337	250	223	819
径流量/亿 m³	6.01	8.35	19.1	33.2	45.8	43.7	37.6	27.6	16.1	9.01	6.48	5.98	258.3
百分比/%	2.32	3.22	7.37	12.8	17.7	16.9	14.5	10.7	6.23	3.48	2.50	2.31	100

表 4-15　卡洛特坝址不同时段平均流量特征流量

时段	最大值		最小值	
	平均流量/(m³/s)	时间	平均流量/(m³/s)	时间
日	10 900	1992 年 9 月 10 日	106	1972 年 1 月 6 日
旬	1 760	5 月下旬	216	1 月上旬
月	1 710	5 月	223	12 月
年	1 300	1996 年	384	2001 年

卡洛特坝址多年平均流量 819 m³/s,径流量 258.3 亿 m³,历年最大年平均流量 1 300 m³/s(1996 年),历年最小年平均流量 384 m³/s(2001 年)。径流主要集中在 3—9 月,占全年的 86.2%。多年平均最大月平均流量出现在 5 月,为 1 710 m³/s;最小月平均流量出现在 12 月,为 223 m³/s。5 月下旬平均流量为各旬最大,为 1 760 m³/s;1 月上旬平均流量为各旬最小,为 216 m³/s。

4.2.3.3　径流成果分析

各梯级电站坝址径流比较情况见表 4-16。

表 4-16　各梯级电站坝址径流比较情况

名称	集水面积/km²	多年平均流量/m³/s	平均产水模数/(万 m³/km²)	径流系列
科哈拉坝址	14 060	311	69.8	1970—2012 年
科哈拉厂址	24 890	780	98.8	1965—2014 年
玛尔坝址	25 334	796	99.1	1965—2015 年
阿扎德帕坦坝址	26 183	817	98.4	1965—2014 年
卡洛特坝址	26 700	819	96.7	1970—2010 年,1993 年缺测

从表 4-16 中可以看出,科哈拉由于坝址以上流域内海拔较高,永久冰川和积雪覆盖面积比例大,因此产水模数较小。科哈拉厂址、玛尔坝址、阿扎德帕坦坝址以及卡洛特坝址集水面积相差不大,均采用科哈拉或阿扎德帕坦水文站实测径流系列由水文比拟法计算,产水模数相近,由于卡洛特电站设计较早,采用资料系列相对其他电站短,考察所缺的

资料年限,其中 1965—1969 年属于连续丰水年,因此卡洛特坝址径流产水模数较科哈拉厂址、玛尔坝址、阿扎德帕坦坝址相近且略小是合理的。

综上分析,本书研究的吉拉姆河干流(科哈拉—卡洛特)梯级电站径流计算采用的设计依据站均属巴基斯坦国家水文局设立的正规水文站,所收集资料来源均为站点正规整编刊布实测资料,资料系列最长达 51 年,所用资料系列较长,资料的一致性、可靠性和代表性较好。坝址来水依据测站实测资料,采用面积比拟法进行推算,经分析所得径流成果相互协调。因此,各电站设计径流成果是合理的。

4.2.4　洪水

4.2.4.1　流域洪水特性

在冬季季风期,流域内大部分地区的降水主要为降雪,降雪主要集中在穆扎法拉巴德以上区域,积雪堆积到 4—5 月、最晚至 6 月,温度上升化雪导致吉拉姆河产生持续的河水入流量;在夏秋季风季节,降雨集中在流域的南部和西部,并有强暴雨,暴雨导致了大洪水。

年最大洪水一般发生在 4—9 月,其中 4—5 月以融雪为主,6—9 月以暴雨为主,洪水量级以 7—9 月为大。10 月至翌年 2 月基本不会出现年最大洪水。在夏季季风季节,易发生强暴雨,降雨多集中在流域的南部和西部。受到强季风入侵的影响常导致大洪水,如 1929 年、1992 年和 1997 年大洪水。

4.2.4.2　特大洪水与重现期分析

吉拉姆河 1992 年发生了流域性特大洪水,距阿扎德帕坦站上游约 7 km 的阿扎德帕坦大桥被洪水冲毁。巴基斯坦 WAPDA 发布的 1992 年水文年鉴中刊出的阿扎德帕坦站年最大洪峰流量为 14 730 m^3/s。2001 年的曼格拉大坝可能最大洪水复核报告中,从 1929 年、1959 年和 1992 年大暴雨中,挑出最为极端的 1992 年大暴雨作为典型暴雨,认为该年是自 1929 年以来最大暴雨。

根据对历史洪水的相关调查也了解到,阿扎德帕坦站 1992 年大洪水为 1929 年以来的最大洪水,比近期(2010 年)发生的大洪水还要大。综上分析认为,流域 1992 年洪水是 1929 年以来历年最大洪峰流量的最大值。

1992 年阿扎德帕坦站实测洪水流量过程见表 4-17 和图 4-17。

表 4-17　1992 年阿扎德帕坦站实测洪水流量过程

时间/h	流量/(m^3/s)	时间/h	流量/(m^3/s)
0	1 406	36	10 960
3	3 165	39	9 554
6	5 001	42	8 234
9	6 885	45	7 383
12	8 527	48	6 720
15	10 025	51	6 271

续表 4-17

时间/h	流量/(m³/s)	时间/h	流量/(m³/s)
18	11 281	54	5 999
21	12 479	57	5 802
24	13 390	60	5 644
27	14 257	63	5 434
29	14 730	66	5 239
30	14 244	69	4 957
33	12 659	72	4 578

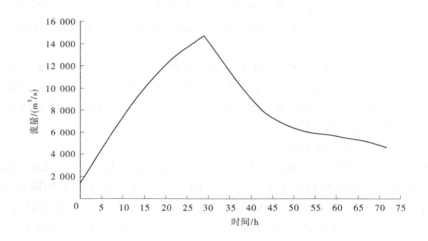

图 4-17　1992 年阿扎德帕坦站实测洪水流量过程线

4.2.4.3　测站洪水

1. 多默尔站

多默尔站有 1977 年、1980—2012 年的年最大洪峰流量,1976 年无年最大洪峰流量,1978 年、1979 年全年流量缺测。

建立多默尔站年最大洪峰流量-最大日平均流量相关关系,见图 4-18,相关系数达 0.96,相关关系很好,以此插补 1976 年的年最大洪峰流量。

建立喀纳里—多默尔两站同期的年最大洪峰流量关系,相关关系较好,相关系数为 0.94,见图 4-19,因此用喀纳里站插补多默尔站 1970—1975 年、1978 年、1979 年洪峰流量。

经插补延展,多默尔站年最大洪峰流量系列有 1970—2012 年共 43 年。洪水序列频率分析时,1992 年大洪水按特大洪水考虑。对多默尔站年最大洪峰流量系列进行频率分析,特大洪水经验频率计算公式采用:

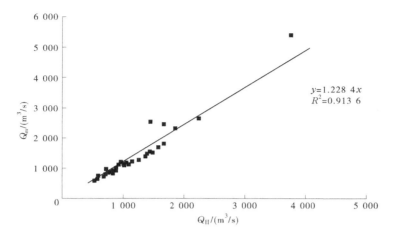

图 4-18　多默尔站年最大洪峰流量–最大日平均流量相关图

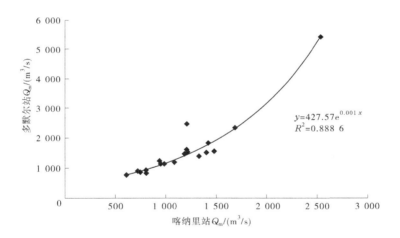

图 4-19　喀纳里—多默尔站同期年最大洪峰流量相关图

$$P_M = \frac{M}{N + l}$$

实测连续序列经验频率计算公式采用:

$$P_m = \frac{a}{N + 1} + \left(1 - \frac{a}{N + 1}\right) \frac{m - l}{n - l + 1}$$

式中:P_M 为特大洪水第 M 项的经验频率;P_m 为实测洪水系列第 m 项的经验频率;N 为特大洪水的考证期;M 为特大洪水序位;a 为在 N 年中连续顺位的特大洪水项数;l 为实测洪水中抽出作特大洪水处理的洪水项数;m 为实测洪水序位;n 为实测洪水系列项数。

采用 P–Ⅲ 型进行洪水频率适线,频率曲线见图 4-20、成果见表 4-18,万年一遇洪峰流量约为 11 780 m³/s。

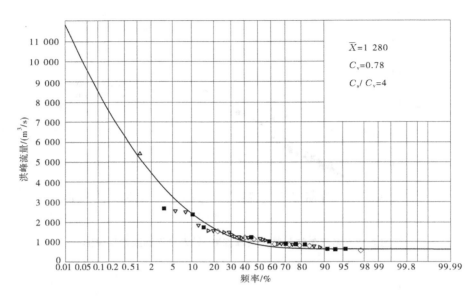

图 4-20　多默尔站年最大洪峰流量频率曲线

表 4-18　多默尔站设计洪水成果

统计参数	均值	1 280 m³/s
	C_v	0.78
	$C_\mathrm{s}/C_\mathrm{v}$	4
各频率设计洪峰流量/(m³/s)	0.01%(10 000 年)	11 780
	0.05%(2 000 年)	9 550
	0.1%(1 000 年)	8 560
	0.2%(500 年)	7 580
	0.5%(200 年)	6 310
	1%(100 年)	5 370
	2%(50 年)	4 450
	5%(20 年)	3 270
	20%(5 年)	1 680

2. 科哈拉(恰塔卡拉斯)站

科哈拉站集水面积 24 890 km²,具有 1965—1995 年共计 31 年资料,恰塔卡拉斯站集水面积 24 790 km²,有 1997—2015 年共计 19 年资料,两站集水面积相差仅 100 km²(约0.4%),因此直接将恰塔卡拉斯站历年洪峰观测资料移用到科哈拉站。缺测的 1996 年最大洪峰流量通过阿扎德帕坦站插补,两站洪峰序列相关关系见图 4-21。

经插补延展,形成科哈拉站 1965—2015 年共计 51 年最大洪峰系列,见图 4-22。1992

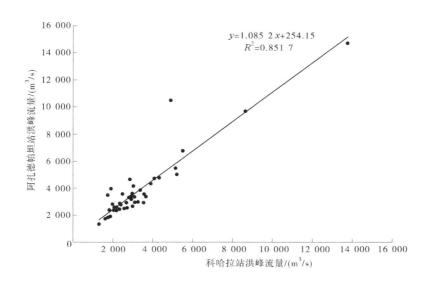

图 4-21　科哈拉站—阿扎德帕坦站年最大洪峰流量相关关系

年洪峰为特大值,经验频率计算公式同多默尔站。科哈拉站设计洪水成果见表 4-19。采用 P-Ⅲ型频率曲线,以矩法计算值为初估值,适线法确定统计参数,设计洪水计算结果见表 4-23 和图 4-24。

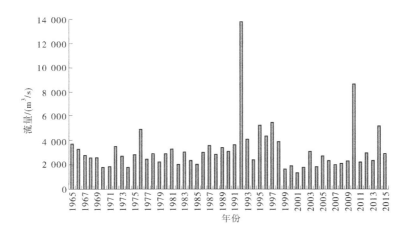

图 4-22　科哈拉站逐年最大洪峰流量

表 4-19　科哈拉站设计洪水成果

统计参数	均值	3 090 m³/s
	C_v	0.75
	C_s/C_v	4

续表 4-19

各频率设计洪峰流量/(m³/s)	0.01%(10 000 年)	27 300
	0.02%(5 000 年)	25 000
	0.05%(2 000 年)	22 100
	0.1%(1 000 年)	19 800
	0.2%(500 年)	17 600
	0.5%(200 年)	14 700
	1%(100 年)	12 600
	2%(50 年)	10 500
	5%(20 年)	7 800
	10%(10 年)	5 870
	20%(5 年)	4 100

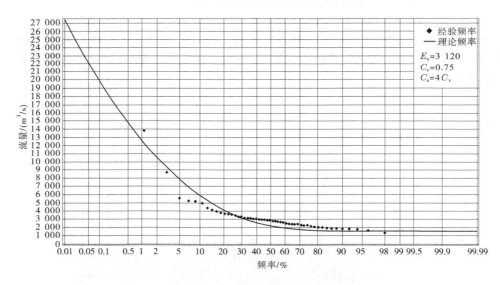

图 4-23　科哈拉站洪峰频率曲线

3. 阿扎德帕坦(卡洛特)站

卡洛特站具有 11 年(1969—1979 年)实测径流系列,阿扎德帕坦站具有 36 年(1979—2015 年,1993 年缺测)实测径流系列,两站集水面积相差仅 0.72%,将卡洛特站历年洪峰序列直接移用至阿扎德帕坦站,1993 年洪峰通过科哈拉站插补,形成阿扎德帕坦站 1969—2015 年共计 47 年最大洪峰系列,见图 4-24,1992 年洪峰为特大值,经验频率计算公式同多默尔站。采用 P-Ⅲ型频率曲线,以矩法计算值为初估值,适线法确定统计参数,设计洪水计算结果见表 4-20 和图 4-25。

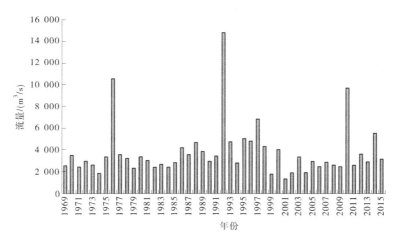

图 4-24 阿扎德帕坦站逐年最大洪峰流量

表 4-20 阿扎德帕坦站设计洪水成果

统计参数	均值	3 570 m³/s
	C_v	0.77
	C_s/C_v	4
各频率设计洪峰流量/(m³/s)	0.01%(10 000 年)	32 700
	0.02%(5 000 年)	30 000
	0.05%(2 000 年)	26 400
	0.1%(1 000 年)	23 700
	0.2%(500 年)	21 000
	0.5%(200 年)	17 500
	1%(100 年)	14 900
	2%(50 年)	12 400
	5%(20 年)	9 130
	10%(10 年)	6 830
	20%(5 年)	4 720

4.2.4.4 坝址洪水

1. 科哈拉

采用喀纳里(哈坦)、都默站的同次洪水洪峰流量,用集水面积内插计算,选取年最大洪峰流量组成坝址洪水系列。都默站 1970—1975 年、1978—1979 年洪峰流量为采用喀纳里(哈坦)观测值依据喀纳里(哈坦)—都默站年最大洪峰流量关系插补,且洪水不大,因此坝址上述时段洪峰系列不再进行插补。经内插后形成坝址 1976—1977 年、1980—

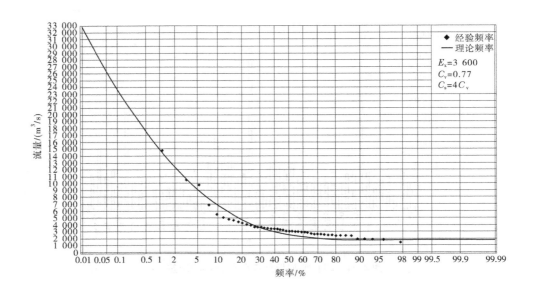

图 4-25　阿扎德帕坦站洪峰频率曲线

2012 年共 35 年年最大洪峰流量系列,1992 年大洪水按特大洪水考虑,采用 P-Ⅲ型曲线进行洪水频率分析,以 1992 年洪水过程作为典型,得到坝址设计和校核标准洪水过程线。科哈拉坝址各频率设计洪峰流量见表 4-21。

表 4-21　科哈拉坝址各频率设计洪峰流量

洪水频率/%	0.01×1.1	0.01	0.05	0.1	0.2	1
洪峰流量/(m³/s)	8 950	8 120	6 660	6 030	5 410	3 990

2. 玛尔

1)设计洪峰

依据坝址上游的科哈拉站和下游的阿扎德帕坦站设计洪峰流量,按集水面积线性内插,得到坝址设计成果,见表 4-22。

2)设计洪水过程线

玛尔水电站不承担下游防洪任务,水库调节库容较小,设计洪水控制时段短,选取最大 1 d 和 3 d 洪量进行分析。据了解,巴基斯坦水文部门不对外公布水位和洪水过程,也不公布洪量特征值。因此,玛尔水电站洪量依据坝址 1965—2015 年逐日平均流量序列,按年最大值独立取样,分别统计最大 1 d、3 d 洪量,组成相应的洪量系列,1992 年汛期最大洪量重现期为 86 年,经频率计算得到玛尔水电站坝址最大 1 d、3 d 设计洪量,见表 4-23。

表 4-22　玛尔水电站坝址设计洪水成果

频率曲线参数	统计时段	洪峰/(m³/s)		
		科哈拉站	阿扎德帕坦站	玛尔坝址
频率曲线参数	均值	3 090	3 570	
	C_v	0.75	0.77	
	C_s/C_v	4	4	
设计值	0.01%(10 000 年)	27 300	32 700	28 800
	0.02%(5 000 年)	25 000	30 000	26 400
	0.05%(2 000 年)	22 100	26 400	23 300
	0.1%(1 000 年)	19 800	23 700	20 900
	0.2%(500 年)	17 600	21 000	18 500
	0.5%(200 年)	14 700	17 500	15 500
	1%(100 年)	12 600	14 900	13 200
	2%(50 年)	10 500	12 400	11 000
	5%(20 年)	7 800	9 130	8 170
	10%(10 年)	5 870	6 830	6 140
	20%(5 年)	4 100	4 720	4 270

表 4-23　玛尔水电站坝址洪量频率计算成果

频率曲线参数	统计时段	洪量/亿 m³	
		1 d	3 d
频率曲线参数	均值	2.39	6.38
	C_v	0.66	0.60
	C_s/C_v	4	4
设计值	0.01%(10 000 年)	17.53	41.13
	0.02%(5 000 年)	16.16	38.05
	0.05%(2 000 年)	14.35	34.00
	0.1%(1 000 年)	12.99	30.95
	0.2%(500 年)	11.64	27.91
	0.5%(200 年)	9.87	23.91
	1%(100 年)	8.55	20.91
	2%(50 年)	7.25	17.94
	5%(20 年)	5.56	14.07
	10%(10 年)	4.33	11.20
	20%(5 年)	3.16	8.43

　　玛尔水电站为日调节水电站,水库调节库容小,选择对工程防洪运用较不利的阿扎德帕坦站 1992 年大洪水作为典型,采用洪峰、1 d、3 d 洪量同频率控制缩放推算坝址洪水过程,玛尔水电站坝址各频率设计洪水过程见表 4-24 和图 4-26。

表 4-24　玛尔水电站设计洪水过程成果　　　　　　　单位:m³/s

时间/h	0.02%	0.05%	0.1%	0.2%
0	2 410	2 170	1 980	1 790
3	5 430	4 880	4 450	4 040
6	8 580	7 700	7 040	6 380
9	12 200	11 000	10 040	8 990
12	15 500	13 900	12 400	11 100
15	18 200	16 200	14 400	12 800
18	20 500	18 100	16 200	14 500
21	22 700	20 000	17 900	16 000
24	24 300	21 500	19 200	17 200
27	25 900	22 900	20 500	18 300
29	26 400	23 300	20 900	18 500
30	25 900	22 700	20 500	18 400
33	23 000	20 200	18 200	16 400
36	19 900	17 500	15 800	14 200
39	17 300	15 200	13 800	12 300
42	14 600	13 100	12 100	11 200
45	13 100	11 800	10 900	10 000
48	11 900	10 700	9 900	9 100
51	11 000	9 900	9 300	8 520
54	10 500	9 500	8 850	8 150
57	10 200	9 200	8 560	7 890
60	9 900	8 900	8 330	7 670
63	9 600	8 570	8 020	7 390
66	9 200	8 260	7 730	7 120
69	8 710	7 820	7 310	6 740
72	8 050	7 220	6 750	6 220

　　3. 阿扎德帕坦

　　阿扎德帕坦设计洪峰依据阿扎德帕坦站、卡洛特站洪水序列,采用水文比拟法,由集

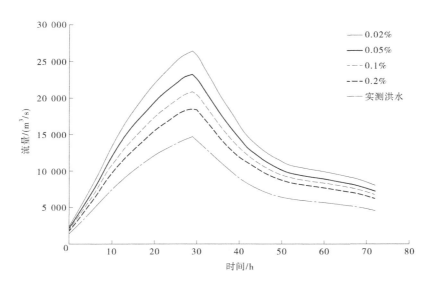

图 4-26　玛尔坝址设计洪水过程线

水面积比拟缩放至相应坝址。水文频率计算方法和特大洪水重现期同玛尔水电站,设计洪峰见表 4-25。

表 4-25　阿扎德帕坦水电站坝址设计洪水成果　　　　　单位:m³/s

统计参数			各频率(%)设计值								
均值	C_v	C_s/C_v	0.01×1.1	0.01	0.05	0.1	0.5	1	2	5	20
3 570	0.72	4	32 600	29 600	24 000	21 600	16 200	13 900	11 600	8 740	4 710

设计洪量和洪水过程线计算方法同玛尔水电站,采用洪峰、3 d 和 7 d 洪量同频率控制缩放,设计洪量计算成果见表 4-26,设计洪水过程见表 4-27 和图 4-27。

表 4-26　阿扎德帕坦水电站坝址洪量频率计算成果　　　　　单位:亿 m³

	时段	3 d 洪量	7 d 洪量
频率曲线参数	均值	6.92	13.8
	C_v	0.53	0.4
	C_s/C_v	4	4
设计值	0.01%	38.0	54.4
	0.05%	31.8	46.8
	0.1%	29.2	43.6
	0.5%	23.0	35.9
	1%	20.4	32.6
	2%	17.7	29.2
	5%	14.3	24.7
	20%	9.08	17.6

表 4-27　阿扎德帕坦水电站设计洪水过程成果　　　　单位:m³/s

时间/h	0.01%×1.1	0.01%	0.05%	0.1%
0	1 470	1 340	1 190	1 130
4	1 690	1 540	1 370	1 300
8	1 920	1 750	1 560	1 470
12	2 300	2 090	1 870	1 770
16	2 880	2 620	2 330	2 210
20	3 450	3 140	2 800	2 650
24	4 420	4 020	3 580	3 390
28	6 060	5 510	4 850	4 570
32	9 050	8 230	7 160	6 690
36	11 700	10 600	9 080	8 430
40	16 000	14 500	12 300	11 300
44	21 900	19 900	16 500	15 100
48	27 600	25 100	20 600	18 700
52	32 600	29 600	24 000	21 600
56	29 900	27 200	22 200	20 100
60	26 700	24 300	20 000	18 200
64	23 200	21 100	17 500	16 000
68	19 400	17 600	14 700	13 500
72	15 700	14 300	12 100	11 200
76	12 100	11 000	9 420	8 720
80	10 400	9 440	8 120	7 540
84	8 540	7 760	6 710	6 260
88	7 300	6 640	5 780	5 410
92	6 750	6 140	5 380	5 050
96	6 480	5 890	5 190	4 880
100	6 180	5 620	4 980	4 700
104	6 180	5 620	5 010	4 740
108	6 220	5 650	5 060	4 810
112	6 090	5 540	4 990	4 750
116	6 000	5 450	4 930	4 710
120	5 790	5 260	4 790	4 580

续表 4-27

时间/h	0.01%×1.1	0.01%	0.05%	0.1%
124	5 750	5 230	4 790	4 590
128	5 720	5 200	4 780	4 590
132	5 620	5 110	4 720	4 550
136	5 600	5 090	4 730	4 570
140	5 470	4 970	4 620	4 460
144	5 260	4 780	4 450	4 300
148	5 060	4 600	4 280	4 130
152	4 860	4 420	4 110	3 970
156	4 730	4 300	4 000	3 870
160	4 650	4 230	3 940	3 800
164	4 550	4 140	3 850	3 720
168	4 460	4 050	3 760	3 640
172	4 360	3 960	3 680	3 550
176	4 250	3 860	3 590	3 470
180	4 250	3 860	3 590	3 470
184	4 250	3 860	3 590	3 470
188	4 250	3 860	3 590	3 470
192	4 250	3 860	3 590	3 470

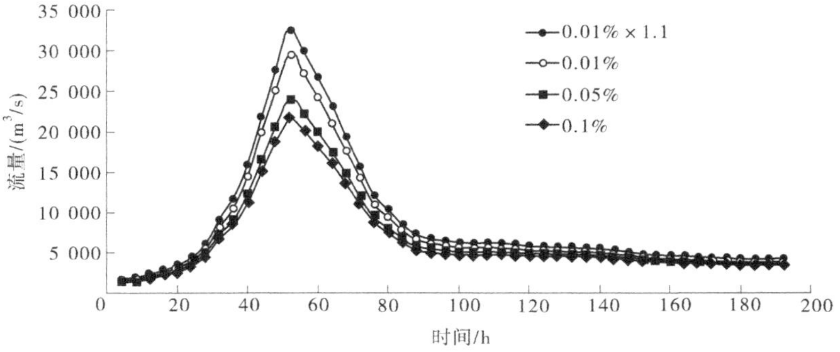

图 4-27　阿扎德帕坦坝址设计洪水过程线

4.卡洛特

卡洛特设计洪峰依据阿扎德帕坦站、卡洛特站洪水序列,采用水文比拟法,由集水面积比拟缩放至相应坝址。水文频率计算方法和特大洪水重现期同玛尔水电站,设计洪峰成果见表 4-28。

表 4-28　卡洛特水电站坝址洪峰流量频率计算成果　　　单位:m³/s

统计参数			各频率(%)设计值									
均值	C_v	C_s/C_v	0.01	0.02	0.05	0.1	0.2	0.5	1	2	5	10
3 350	0.77	4	32 300	29 600	26 000	23 400	20 700	17 300	14 700	12 200	9 020	6 740

设计洪量和洪水过程计算方法同玛尔水电站,采用洪峰、3 d 和 7 d 洪量同频率控制缩放,设计洪量计算成果见表 4-29,设计洪水过程见表 4-30 和图 4-28。

表 4-29　卡洛特水电站坝址洪量频率计算成果　　　单位:亿 m³

	时段	3 d 洪量	7 d 洪量
频率曲线参数	均值	6.62	13.9
	C_v	0.6	0.42
	C_s/C_v	4	4
设计值	0.01%	42.7	57.7
	0.02%	39.5	54.1
	0.05%	35.3	49.5
	0.1%	32.1	45.9
	0.2%	29	42.3
	0.5%	24.8	37.6
	1%	21.7	33.9
	2%	18.6	30.3
	5%	14.6	25.4
	10%	11.6	21.6
	20%	8.75	17.8

表 4-30　卡洛特水电站设计洪水过程成果　　　单位:m³/s

时间/h	0.2%	0.02%	时间/h	0.2%	0.02%
2	1 060	1 170	101	5 580	7 040
5	1 070	1 170	104	5 610	6 300
8	1 080	1 180	107	5 290	5 770
11	1 080	1 190	110	5 040	5 490
14	1 090	1 190	113	4 900	5 340
17	1 100	1 200	116	4 760	5 180
20	1 100	1 210	119	4 610	5 020

续表 4-30

时间/h	0.2%	0.02%	时间/h	0.2%	0.02%
23	1 110	1 220	122	4 470	4 870
26	3 490	3 830	125	4 330	4 710
29	5 620	7 620	128	4 190	4 560
32	8 270	11 200	131	4 100	4 460
35	10 600	14 400	134	4 020	4 370
38	12 800	17 400	137	3 930	4 280
41	14 600	19 800	140	3 850	4 190
44	16 300	22 100	143	3 720	4 050
47	17 600	23 900	146	3 560	3 880
50	18 800	25 500	149	3 480	3 790
53	20 700	29 600	152	3 410	3 710
56	17 900	24 300	155	3 350	3 650
59	15 300	20 800	158	3 290	3 590
62	13 600	18 400	161	3 240	3 520
65	11 500	15 600	164	3 180	3 460
68	10 200	13 900	167	3 120	3 400
71	9 270	12 600	170	3 120	3 400
74	8 530	11 600	173	3 120	3 400
77	8 130	11 000	176	3 110	3 380
80	7 810	10 600	179	3 110	3 380
83	7 630	10 400	182	3 090	3 370
86	7 350	9 970	185	3 050	3 320
89	7 110	9 640	188	3 010	3 270
92	6 800	9 220	191	2 970	3 230
95	6 330	8 590	194	2 920	3 210
98	5 830	7 910			

4.2.5 泥沙

4.2.5.1 悬移质输沙量

1. 科哈拉

中水北方勘测设计研究有限责任公司根据多默尔站、哈坦站 2006—2012 年实测资料

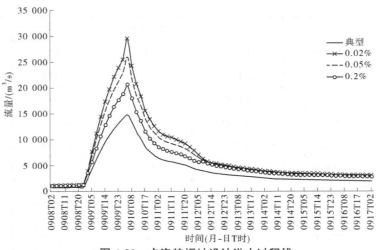

图 4-28　卡洛特坝址设计洪水过程线

点绘了测站日流量-日悬移质沙量关系,根据 2006 年以前所有测量记录点绘哈坦站的日流量-日悬移质沙量关系,由拟合得到的三个关系式计算各级流量下沙量,经对各级流量下沙量计算成果分析发现,2006 年以后的定线计算成果相比较于 2005 年前后(同等流量下)的沙量,当流量较小(如在 100 m³/s 左右)时沙量相当,当流量较大(大于 100 m³/s)时沙量有所减少,且流量越大,沙量减少幅度越大。分析此现象发生的原因,可能是 2005 年以后吉拉姆河处于枯水时段,年径流量均小于多年平均值,且日均流量大于 1 000 m³/s 发生的时间之和仅为 4 d,小于长系列 1970—2012 年多年平均的 4.1 d,造成吉拉姆河沙量值较小。

　　经以上分析,确定继续采用 2006 年以前所有测量记录点绘的哈坦站日流量-日悬移质沙量关系推求科哈拉坝址悬移质输沙量,坝址悬移质年输沙量见图 4-29,多年平均悬移质输沙量为 317 万 t,多年平均含沙量为 0.33 kg/m³。

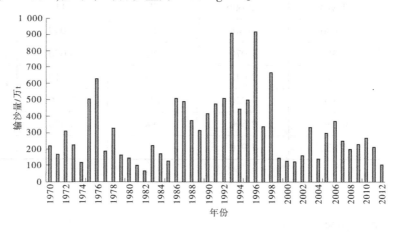

图 4-29　科哈拉坝址悬移质年输沙量

2. 玛尔

从收集到的坝址上游恰塔卡拉斯/科哈拉站 1965—2014 年(缺 1996 年)的资料以及坝址下游卡洛特/阿扎德帕坦站 1970—2014 年(缺 1993 年)悬移质泥沙观测资料、泥沙级配资料和年输沙量。

通过对刊布输沙资料分析,年输沙量总体上呈现出大水大沙的基本规律,但各测次与分月、分时段的水沙关系复杂,无法建立稳定的水沙关系。依据 WAPDA 提供悬移质输沙量整编成果统计,上游科哈拉站年输沙量显著小于阿扎德帕坦站,最大年份(1980 年)阿扎德帕坦站输沙量是科哈拉站的 6.34 倍,从流域水土保持情况来看,两站点控制面积内未见明显差异,分析判断上游科哈拉站存在漏测大沙量数据的可能性。综合考虑分析,选用下游卡洛特/阿扎德帕坦站为泥沙设计依据站。

依据卡洛特/阿扎德帕坦站 1970—2014 年悬移质年输沙量数据,按照面积比缩放,结合玛尔坝址专用站 2015 年实测数据,推算玛尔水电站坝址处的悬移质年输沙量系列,计算得到玛尔水电站坝址处多年平均悬移质输沙量为 3 027 万 t,多年平均含沙量为 1.21 kg/m³。历年年输沙量成果见图 4-30。

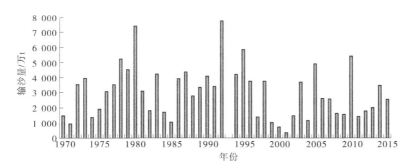

图 4-30　玛尔水电站坝址悬移质年输沙量

3. 阿扎德帕坦

根据 1979—2009 年日悬移质含沙量实测资料点绘的阿扎德帕坦站日流量-日悬移质输沙量关系曲线,利用推算得到的坝址 1965—2014 年的逐日流量系列成果,推求得到坝址输沙量,阿扎德帕坦水电站坝址悬移质输沙量见图 4-31。多年平均悬移质输沙量为 3 272 万 t,多年平均含沙量为 1.27 kg/m³。

4. 卡洛特

根据从 WAPDA 收集的卡洛特站和阿扎德帕坦站 1970—2010 年资料,推算电站坝址悬移质输沙量,历年输沙量见图 4-32。卡洛特水库坝址以上流域年均悬移质输沙量为 3 315 万 t,多年平均含沙量为 1.28 kg/m³。

4.2.5.2　推移质输沙量

1. 科哈拉

科哈拉水库泥沙研究期间,依据当时收集掌握的泥沙资料,采用 Meyer Peter & Muller 公式、Parker 公式、Einstein-brown 公式、Duboys 公式和 Shields 公式等进行了推移质估算,综合考虑水库上游河道流经面积达 5 000 km² 的盆地,且流经乌拉尔湖、盆地以上的推移

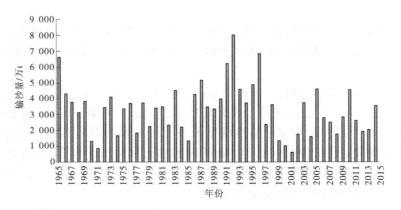

图 4-31　阿扎德帕坦水电站坝址悬移质输沙量

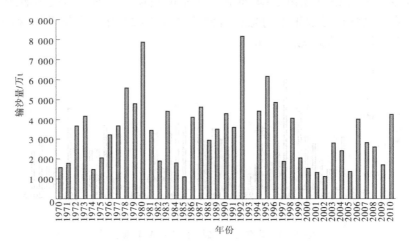

图 4-32　卡洛特坝址悬移质年输沙量

质以及悬移质中的较粗颗粒泥沙淤积在此,进入科哈拉库区的推移质以及悬移质中的较粗颗粒泥沙量会有所减少,因此最后推荐采用推悬比为 15%,即推移质输沙量为 47 万 t。

科哈拉水库坝址以上流域年均悬移质输沙量为 317 万 t,推移质输沙量为 47 万 t,总输沙量为 364 万 t。

科哈拉水库悬移质泥沙干容重采用 1.3 t/m³,推移质泥沙干容重采用 1.5 t/m³,则科哈拉水库多年平均入库总沙量为 276 万 m³。

2. 玛尔

采用推悬比估算推移质年输沙量,参考工程河段上下游梯级相关泥沙设计成果和野外勘察与调查取样意见,推悬比取 15%,则推移质年输沙量为 454 万 t。

玛尔坝址处多年平均悬移质输沙量为 3 027 万 t,推移质输沙量为 454 万 t,总输沙量为 3 481 万 t。

3. 阿扎德帕坦

阿扎德帕坦水库泥沙研究期间,依据当时收集掌握的泥沙资料,采用 Meyer Peter &

Muller 公式、Parker 公式、Einstein-brown 公式、Duboys 公式和 Shields 公式等进行了推移质估算,并参考阿扎德帕坦坝址上游玛尔水电站及下游卡洛特水电站推移质沙量估算方法及成果,最后推荐天然状态下采用推悬比为 15%,即推移质输沙量为悬移质输沙量的15%,为 491 万 t。

阿扎德帕坦水库坝址以上流域年均悬移质输沙量为 3 272 万 t,推移质输沙量为 491万 t,总输沙量为 3 763 万 t。

4. 卡洛特

参考工程河段上下游梯级相关泥沙设计和卡洛特库区河段泥沙取样成果,结合野外勘察分析,确定推移质输沙量取为悬移质输沙量的 15%,则推移质输沙量为 497 万 t。

卡洛特坝址总输沙量为 3 812 万 t。

4.2.5.3　泥沙颗粒级配

1. 科哈拉

采用多默尔水文站 2005 年以前悬移质沙样以及 2007 年 11 月 26 日在坝址位置河流左岸取的河床质沙样分析所得悬移质、河床质颗粒级配成果,悬沙 D_{50} 为 0.01 mm,见表 4-31 及图 4-33。

表 4-31　科哈拉坝址河床质颗粒级配特征值

粒径/mm	0.018	0.027	0.032	0.045	0.054	0.07	0.16	7	23	26
小于某一粒径沙量百分数/%	10	20	30	40	50	60	70	80	90	100

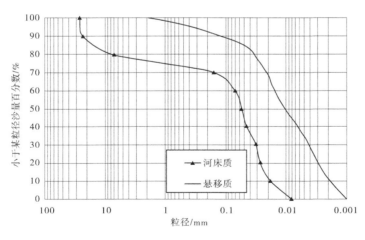

图 4-33　科哈拉坝址泥沙颗粒级配曲线

2. 玛尔

2015 年上海勘测设计研究有限公司在玛尔水电站工程河段开展 6 次床沙、14 次悬沙取样,并委托巴基斯坦当地的国家实验室完成级配分析,分析方法为筛分法,分析成果见表 4-32 和表 4-33。

表 4-32 玛尔水电站坝址床沙颗粒级配成果

实测日期		小于某粒径沙量百分数/%								特征粒径/mm
月	日	0.062	0.125	0.25	0.5	1	2	最大	中数	平均
1	19	3.8	14.8	56.0	95.6	98.7	100	2.00	0.231	0.26
	27	0.6	3.7	62.3	98.2	99.9	100	2.00	0.229	0.237
	31	5.5	18.9	38.8	70.5	96.2	100	2.00	0.343	0.910
2	9	3.8	28.8	92.0	99.9	100		2.00	0.153	0.163
	12	1.3	7.1	27.4	87.9	97.1	100	2.00	0.333	0.361
	15	2.3	9.0	44.5	85.5	95.2	100	2.00	0.267	0.342
平均		2.9	13.7	53.5	89.6	97.9	100	2.00	0.235	0.315

由表 4-32 可知,玛尔水电站坝址床沙中数粒径为 0.153 ~ 0.343 mm,平均粒径为 0.163 ~ 0.910 mm,最大粒径为 2.00 mm;多次平均后的中数粒径为 0.235 mm,平均粒径为 0.315 mm。

表 4-33 玛尔水电站坝址悬沙颗粒级配成果

施测日期		小于某粒径沙量百分数/% 粒径级/mm											中数粒径/mm	平均粒径/mm	最大粒径/mm
月	日	0.002	0.004	0.008	0.016	0.031	0.062	0.125	0.25	0.5	1	2			
2	5		11.3	25.8	37.1	59.7	93.5	100					0.025	0.027	0.125
	21		21.3	45.6	52.7	68.7	91.2	100					0.011	0.023	0.125
3	3		15.2	34	46.5	69.2	98	100					0.019	0.021	0.125
	25		18.8	40.4	49.1	72.2	95.9	100					0.017	0.021	0.125
4	4		12	26.2	40.9	53.2	67.5	77	89.3	97.6	100		0.026	0.087	1.0
	15		5.6	14.2	25	35.3	48.8	60.6	75.7	94.4	100		0.066	0.15	1.0
	21		8.6	22.7	32.2	52.7	75.6	83.6	92	98.6	100		0.029	0.07	1.0
	27		4.6	9.8	19.3	33.9	53.7	69.6	85.4	97.7	100		0.054	0.113	1.0
5	9		7.1	16.6	23.9	36.1	53.8	67.5	82.6	96.5	100		0.053	0.122	1.0
	13		5.6	14.3	34.4	49.3	66.3	76.8	86.3	96.8	100		0.032	0.098	1.0
6	9		2.1	6.9	16.4	27.3	36.1	52.2	70.1	91.7	100		0.115	0.185	1.0
	22		1.4	7.5	16.4	24.9	38	51.4	70.1	92.7	100		0.117	0.181	1.0
7	6		10.2	18.7	28.9	44.5	60.7	73.5	84.1	94.7	100		0.039	0.115	1.0
	8		11.7	23	33.1	47.5	64.1	79.7	89.5	97.2	100		0.034	0.089	1.0
平均			9.7	21.8	32.6	48.2	67.4	78.0	87.5	97.0	100		0.032	0.101	1.0

由表 4-33 可知,玛尔水电站坝址悬沙中数粒径为 0.011 ~ 0.117 mm,平均粒径为 0.021 ~ 0.185 mm,最大粒径为 1.0 mm;多次平均后的中数粒径为 0.032 mm,平均粒径为

0.101 mm。

3. 阿扎德帕坦

根据 WAPDA 刊布阿扎德帕坦水文站近 10 年 4—7 月悬移质泥沙颗分成果,经加权平均得出的阿扎德帕坦水文站悬移质颗粒级配曲线见表 4-34 和图 4-34,其悬移质泥沙 D_{50} 为 0.017 mm。

表 4-34　阿扎德帕坦水文站悬移质颗粒级配特征值

粒径级/mm	0.005 5	0.062 5	0.5
小于某粒径沙量百分数/%	16.8	86.1	100

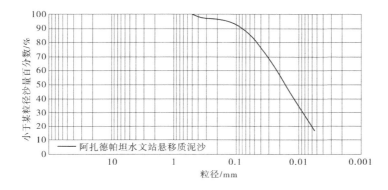

图 4-34　阿扎德帕坦水文站悬移质颗粒级配曲线

根据上海勘测设计研究院有限公司 2015 年 1—6 月在玛尔水电站工程河段 6 次床沙取样分析成果,坝址处河床质 D_{50} 约为 0.25 mm。

4. 卡洛特

2013 年 5—8 月在卡洛特水电站工程河段开展的 4 次悬移质泥沙取样级配分析成果,见表 4-35。

表 4-35　卡洛特坝址悬移质泥沙颗粒级配成果

施测日期		小于某粒径沙量百分数/% 粒径级/mm									中数粒径/mm	平均粒径/mm	最大粒径/mm
月	日	0.002	0.004	0.008	0.016	0.031	0.062	0.125	0.25	0.5	1		
5	1		5.5	18.1	30.2	52.9	82.6	86.9	92	97.6	100	0.029	0.068	1
6	3		14.3	33.6	43.8	64.1	93.9	100					0.021	0.025	0.125
7	7		13	32	43.1	63.6	89.2	95.4	99.1	100			0.022	0.033	0.5
8	15		9.9	21.7	30.9	44.6	61.8	72.8	84.9	95.5	100	0.038	0.111	1

根据 2013 年 4—5 月开展的卡洛特水电站库区及坝下 21 个坑测点的取样,进行河床质颗粒级配分析,坝址河段河床质颗粒级配分析成果如表 4-36 和表 4-37 所示。

表 4-36 阿扎德帕坦水文站附近河段河床质颗粒级配分析成果

分层号	坑层深度/m	小于某粒径沙重百分数/% 粒径级/mm															特征粒径/mm		
		2	5	10	25	50	75	100	150	200	250	300	350	400	450	500	D_{50}	D_{cp}	D_{max}
1	0.1				2.0	12.5	34.2	40.9	54.3	79.2	100						136	128	245
2	0.2	4.5	9.0	15.7	25.2	34.2	44.8	52.8	60.4	100							88.7	95.8	195
3	0.5	9.7	22.9	38.2	58.6	72.2	78.3	80.5	85.6	85.6	85.6	100					17.4	59.4	278
4	平均	6.0	13.6	22.9	35.8	47.4	58.3	63.3	70.9	88.6	93.2	100					55.7	86.2	278

表 4-37 卡洛特坝址附近河段河床质颗粒级配分析成果

分层号	坑层深度/m	小于某粒径沙重百分数/% 粒径级/mm															特征粒径/mm		
		2	5	10	25	50	75	100	150	200	250	300	350	400	450	500	D_{50}	D_{cp}	D_{max}
1	0.1				0.6	5.3	10.9	15.2	47.2	100							152	138	195
2	0.2	9.2	16.0	22.1	32.6	42.9	52.7	64.2	80.4	100							68.2	74.4	185
3	0.5	12.4	22.1	31.6	49.3	65.3	73.6	80.3	94.2	100							25.7	47.1	188
4	平均	7.7	13.5	18.9	29.0	39.5	47.7	55.7	75.6	100							82.2	83.9	195

4.2.5.4　泥沙成果分析

各梯级电站坝址输沙量比较情况见表 4-38。

表 4-38　各梯级电站坝址输沙量比较情况

水电站	河流	控制面积/ km²	多年平均流量/ （m³/s）	年均悬移质 输沙量/万 t	年均含沙量/ （kg/m³）
科哈拉电站坝址	吉拉姆河	14 060	302	330	0.35
科哈拉电站厂址	吉拉姆河	24 890	790	3 000	1.20
玛尔坝址	吉拉姆河	25 334	796	3 051	1.22
阿扎德帕坦电站	吉拉姆河	26 183	817	3 272	1.27
卡洛特电站	吉拉姆河	26 700	819	3 315	1.28

由表 4-38 可见，由于科哈拉坝址以上流域地势平缓，又流经乌拉尔湖，输沙量较小。玛尔、阿扎德帕坦以及卡洛特坝址集水面积相差不大，均采用科哈拉或阿扎德帕坦水文站实测系列计算，输沙模数、水流含沙量相近。悬移质泥沙颗分成果由于资料年份不同而略有差异。

综上分析，本书研究的吉拉姆河干流（科哈拉—卡洛特）梯级电站输沙量可靠性且代表性较好，各电站设计成果是合理的。

4.3　梯级电站联合洪水调度研究

4.3.1　工程等级及防洪标准

4.3.1.1　科哈拉

科哈拉水电站大坝采用混凝土重力坝，最大坝高 69 m，根据《水电枢纽工程等级划分及设计安全标准》（DL 5180—2003）和《防洪标准》（GB 50201—2014）规定，科哈拉水电站工程属Ⅱ等大（2）型工程，主要建筑物级别为 2 级，次要建筑物级别为 3 级，临时性水工建筑物级别为 4 级。大坝为 2 级建筑物，设计洪水标准为 500 年一遇，校核洪水标准为 2 000 年一遇，考虑本工程的重要性，采取 10 000 年+10%校核。发电厂房设计洪水标准为 200 年一遇，校核洪水标准为 500 年一遇。

4.3.1.2　玛尔

按《防洪标准》（GB 50201—2014）及《水电枢纽工程等级划分及设计安全标准》（DL 5180—2003）的规定，玛尔水电站属Ⅱ等大（2）型工程，大坝、泄水建筑物、电站引水及尾水系统、电站厂房等主要永久性水工建筑物为 2 级建筑物，次要建筑物为 3 级建筑物。混凝土重力坝设计洪水标准为 500 年一遇，校核洪水标准为 2 000 年一遇；引水发电建筑物设计洪水标准为 200 年一遇，校核洪水标准为 500 年一遇，消能防冲建筑物设计洪水标准为 50 年一遇。

4.3.1.3　阿扎德帕坦

拦河坝设计洪水标准为 1 000 年一遇,校核洪水标准为万年一遇洪水;泄水建筑物消能防冲设施按 1 000 年一遇洪水设计,PMF 洪水作为极端工况按 EM 规范复核。

4.3.1.4　卡洛特

按《防洪标准》(GB 50201—2014)及《水电枢纽工程等级划分及设计安全标准》(DL 5180—2003)的规定,卡洛特水电站属Ⅱ等大(2)型工程,大坝、泄水建筑物、电站引水及尾水系统、电站厂房等主要永久性水工建筑物为 2 级建筑物,次要建筑物为 3 级建筑物,主要水工建筑物结构级别为Ⅱ级,次要建筑物结构级别为Ⅱ级。沥青混凝土心墙堆石坝设计洪水标准为 500 年一遇,校核洪水标准为 5 000 年一遇;引水发电建筑物设计洪水标准为 200 年一遇,校核洪水标准为 500 年一遇,消能防冲建筑物设计洪水标准为 50 年一遇。

4.3.2　梯级电站泄洪建筑物及泄流能力

4.3.2.1　科哈拉

科哈拉水电站泄水建筑物由泄流底孔和溢洪道组成,其中 4 个泄洪底孔兼有泄洪和冲沙作用,布置在河道中间,底板高程 862 m,孔口尺寸为 6 m×7 m。2 孔开敞式表孔溢洪道主要为泄洪作用,堰顶高程 892 m,宽 15 m。泄洪建筑物开启顺序:先开启泄流底孔,当入库洪水流量逐渐增大,水库水位超过正常蓄水位时再开启表孔泄洪。科哈拉水电站泄洪建筑物总泄流能力见表 4-39,泄流曲线见图 4-35。

表 4-39　科哈拉水电站泄洪建筑物总泄流能力

水位/m	泄流能力/(万 m³/s)	水位/m	泄流能力/(万 m³/s)
896	3 780	906	7 129
898	4 276	907	7 549
900	4 884	908	7 979
902	5 572	910	8 844
904	6 326	912	9 725
905	6 692		

4.3.2.2　玛尔

泄水建筑物布置在主河床,由坝身泄流表孔和泄洪排沙孔组成。

溢流表孔布置在主河床,共 5 孔,单孔尺寸 15 m×22 m(宽×高),堰面采用 WES 型曲线,堰顶高程 563.00 m,设弧形闸门控制泄洪,弧形闸门前设一道检修闸门。5 个表孔校核工况下最大下泄流量 $Q = 18\ 462\ m^3/s$。

泄洪排沙孔采用有压坝身泄水孔,进口段为四面收缩的喇叭口型,进口底板高程为 540.00 m,进口控制断面尺寸为 5.5 m×9.6 m(宽×高),出口控制断面尺寸为 5.5 m×8 m(宽×高)。4 个泄洪排沙孔校核工况下最大下泄流量 $Q = 4\ 275\ m^3/s$。

溢流表孔和泄洪排沙中孔组合的泄流能力成果见表 4-40 和图 4-36。

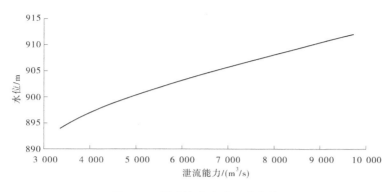

图 4-35　科哈拉水电站泄流曲线

表 4-40　玛尔水电站泄洪建筑物泄流能力

水位/m	底孔泄流流量/(m³/s)	表孔泄流流量/(m³/s)	联合泄流流量/(m³/s)
540	0	0	0
541	31	0	31
542	88	0	88
543	162	0	162
544	249	0	249
545	349	0	349
546	458	0	458
547	578	0	578
548	706	0	706
549	842	0	842
550	989	0	989
551	1 102	0	1 102
552	1 205	0	1 205
553	1 941	0	1 941
554	2 046	0	2 046
555	2 146	0	2 146
556	2 241	0	2 241
557	2 333	0	2 333
558	2 421	0	2 421
559	2 506	0	2 506
560	2 588	0	2 588

续表 4-40

水位/m	底孔泄流流量/(m³/s)	表孔泄流流量/(m³/s)	联合泄流流量/(m³/s)
561	2 668	0	2 668
562	2 745	0	2 745
563	2 820	0	2 820
564	2 894	130	3 024
565	2 965	369	3 334
566	3 035	677	3 712
567	3 103	1 043	4 146
568	3 170	1 458	4 628
569	3 235	1 916	5 151
570	3 299	2 415	5 714
571	3 362	2 950	6 312
572	3 424	3 556	6 980
573	3 484	4 233	7 717
574	3 544	4 957	8 501
575	3 603	5 725	9 328
576	3 660	6 540	10 200
577	3 717	7 400	11 117
578	3 773	8 302	12 075
579	3 828	9 238	13 066
580	3 882	10 214	14 096
581	3 936	11 216	15 152
582	3 989	12 258	16 247
583	4 041	13 330	17 371
584	4 092	14 439	18 531
585	4 143	15 573	19 716
586	4 193	16 477	20 670
587	4 243	17 662	21 905
588	4 292	18 864	23 156

4.3.2.3　阿扎德帕坦

泄水建筑物由 7 个表孔、2 个底孔组成。表孔堰顶高程为 506.00 m，孔口尺寸为 14 m×

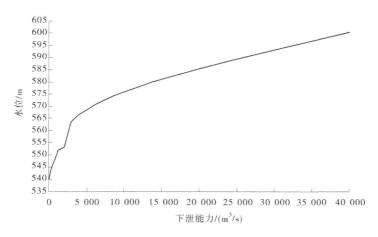

图 4-36　玛尔水电站枢纽泄流能力曲线

20 m(宽×高)。底孔担负着泄洪排沙任务,位于大坝中部,共 2 孔,孔口尺寸为 5.65 m×8 m(宽×高),进水口底坎高程 480 m,泄流能力见表 4-41 和图 4-37。

表 4-41　阿扎德帕坦泄洪建筑物泄流能力

水位/m	底孔泄流流量/(m³/s)	表孔泄流流量/(m³/s)	联合泄流流量/(m³/s)
478	0	0	0
479	23.23	0	23.23
480	67.00	0	67.00
481	126.59	0	126.59
482	197.01	0	197.01
483	278.92	0	278.92
484	381.28	0	381.28
485	505.18	0	505.18
486	609.53	0	609.53
487	731.05	0	731.05
488	858.63	0	858.63
490	1 408.58	0	1 408.58
491	1 466.10	0	1 466.10
492	1 521.44	0	1 521.44
493	1 574.84	0	1 574.84
494	1 626.49	0	1 626.49
495	1 676.55	0	1 676.55
496	1 725.16	0	1 725.16

续表 4-41

水位/m	底孔泄流流量/(m³/s)	表孔泄流流量/(m³/s)	联合泄流流量/(m³/s)
497	1 772.43	0	1 772.43
498	1 818.47	0	1 818.47
501	1 950.10	0	1 950.10
502	1 992.04	0	1 992.04
503	2 033.12	0	2 033.12
504	2 073.38	0	2 073.38
505	2 112.88	0	2 112.88
506	2 151.65	0	2 151.65
507	2 189.73	172.49	2 362.22
508	2 227.17	504.79	2 731.96
509	2 263.98	958.39	3 222.37
510	2 300.21	1 523.78	3 823.99
511	2 335.87	2 198.20	4 534.07
512	2 371.00	2 866.71	5 237.71
513	2 405.62	3 642.79	6 048.41
514	2 439.74	4 386.60	6 826.34
515	2 473.39	5 130.01	7 603.40
516	2 506.59	5 938.79	8 445.38
517	2 539.36	6 808.31	9 347.67
518	2 571.71	7 672.68	10 244.39
519	2 603.66	8 533.77	11 137.43
520	2 635.22	9 486.15	12 121.37
521	2 666.41	10 470.73	13 137.14
522	2 697.23	11 492.40	14 189.63
523	2 727.71	12 632.09	15 359.80
524	2 757.85	13 813.58	16 571.43
525	2 787.67	15 038.87	17 826.54
526	2 817.17	16 321.65	19 138.82
527	2 846.36	17 751.27	20 597.63
528	2 875.26	19 212.51	22 087.77
529	2 903.87	20 769.59	23 673.46

续表 4-41

水位/m	底孔泄流流量/(m³/s)	表孔泄流流量/(m³/s)	联合泄流流量/(m³/s)
530	2 932.20	22 408.45	25 340.65
531	2 960.26	24 136.49	27 096.75
532	2 635.22	26 280.29	28 915.51
533	2 666.41	28 433.40	31 099.81
534	2 697.23	30 487.57	33 184.80
535	2 727.71	32 747.16	35 474.87
536	2 757.85	34 768.79	37 526.64

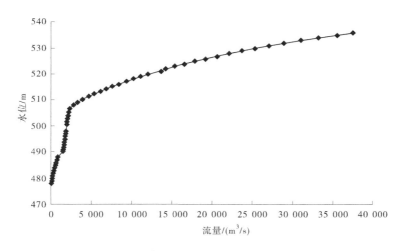

图 4-37 阿扎德帕坦泄洪建筑物泄流能力曲线

4.3.2.4 卡洛特

卡洛特水电站泄洪建筑物包括 6 个表孔和 2 个泄洪冲沙孔,表孔堰顶高程 439 m,孔口尺寸 14 m×22 m(宽×高);2 个泄洪冲沙孔布置在靠近厂房进水口一侧,底板高程 423 m,孔口尺寸 9 m×10 m(宽×高)。表孔和泄洪冲沙孔联合泄流能力见表 4-42 和图 4-38。

表 4-42 卡洛特泄洪建筑物泄流能力

水位/m	表孔泄流流量(6 孔)/(m³/s)	冲沙孔泄流流量(2 孔)/(m³/s)	溢洪道合计泄流流量/(m³/s)
423	0	0	0
424	0	25	25
425	0	69	69
426	0	126	126
427	0	194	194

续表 4-42

水位/m	表孔泄流流量(6孔)/ (m³/s)	冲沙孔泄流流量(2孔)/ (m³/s)	溢洪道合计泄流流量/ (m³/s)
428	0	271	271
429	0	357	357
430	0	450	450
431	0	551	551
432	0	672	672
433	0	794	794
434	0	920	920
435	0	1 051	1 051
436	0	1 187	1 187
437	0	1 217	1 217
438	0	1 295	1 295
439	0	1 370	1 370
440	105	1 443	1 548
441	312	1 510	1 822
442	595	2 119	2 714
443	959	2 262	3 221
444	1 399	2 374	3 773
445	1 914	2 479	4 393
446	2 504	2 582	5 086
447	3 169	2 680	5 849
448	3 845	2 774	6 619
449	4 562	2 866	7 428
450	5 333	2 954	8 287
451	6 157	3 040	9 197
452	7 008	3 123	10 131
453	7 893	3 205	11 098
454	8 839	3 285	12 124
455	9 840	3 362	13 202
456	10 860	3 438	14 298
457	11 898	3 512	15 410

续表 4-42

水位/m	表孔泄流流量(6 孔)/ (m³/s)	冲沙孔泄流流量(2 孔)/ (m³/s)	溢洪道合计泄流流量/ (m³/s)
458	12 976	3 584	16 560
459	14 093	3 655	17 748
460	15 240	3 725	18 965
461	16 416	3 794	20 210
462	17 623	3 861	21 484
463	18 854	3 927	22 781
464	20 111	3 992	24 103
465	21 388	4 056	25 444
466	22 696	4 119	26 815
467	24 034	4 181	28 215
468	25 402	4 242	29 644
469	26 800	4 302	31 102

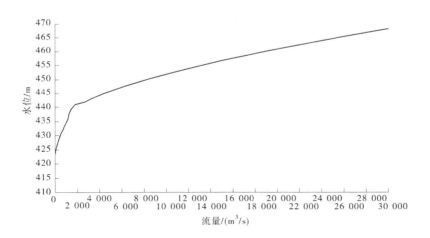

图 4-38　卡洛特水电站枢纽泄流能力曲线

4.3.3　梯级电站洪水独立调度

4.3.3.1　科哈拉

1.洪水调度方式

科哈拉水电站承担的任务是发电,具有日调节性能。水库运行水位在正常蓄水位905 m 与死水位896 m 之间变化。电站在汛期以承担系统腰荷和基荷为主,尽量满负荷发电,少弃水;在枯水期可根据所在电力系统要求和入库来水情况进行日调峰运行。汛期敞泄排沙时电站停机不发电。

科哈拉水电站不承担下游防洪任务,其防洪运行方式以确保大坝本身防洪安全为目标,泄流设施包括泄流底孔和表孔,起调水位为 905 m,洪水调度方式如下:

(1)当入库洪水流量小于或等于正常库水位 905 m 相应的泄洪能力时,控制泄流设施按来流量下泄,维持库水位不变。

(2)当入库洪水流量大于正常蓄水位 905 m 相应的最大泄流能力时,按大坝的最大泄流能力下泄,以保证大坝安全,多余洪量存蓄在库中,库水位上涨。

(3)洪峰过后,仍按泄流能力下泄,使库水位消落至正常蓄水位。

2. 库容曲线

经 1:5 000 数字化地形图量测,科哈拉水电站天然水位-面积-库容关系见图 4-39,科哈拉水库水位 900 m 以下库容 1 324 万 m³,相应的水库面积为 0.695 km²;水库水位 902 m 以下库容 1 487 万 m³,相应的水库面积为 0.761 km²;水库水位 905 m 以下库容 1 778 万 m³,相应的水库面积为 0.860 km²。

库区基本达到冲淤平衡状态后库容见表 4-43。

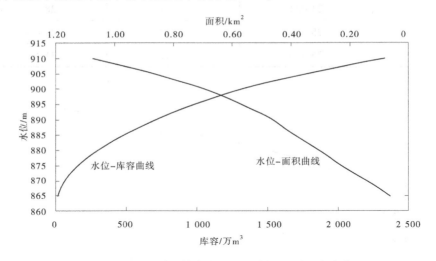

图 4-39　科哈拉水电站天然水位-面积-库容关系

表 4-43　科哈拉水电站原始及淤积平衡库容

水位/m	原始库容/万 m³	淤积平衡/万 m³
865	14.38	0.11
866	21.38	0.54
867	29.18	1.63
868	38.64	2.94
869	49.59	4.80
870	62.77	6.32

续表 4-43

水位/m	原始库容/万 m³	淤积平衡/万 m³
871	77.05	8.54
872	93.86	10.95
873	112.29	13.44
874	133.94	17.53
875	157.5	21.80
876	181.95	26.34
877	207.53	30.32
878	234.99	39.07
879	265.59	46.61
880	298.44	54.39
881	332.3	61.41
882	367.05	68.59
883	402.79	75.65
884	440.04	82.02
885	480.54	90.26
886	522.46	99.06
887	565.92	107.49
888	611.02	141.14
889	657.37	157.99
890	704.95	185.13
891	753.72	208.00
892	806.28	234.56
893	862.1	263.17
894	920.18	291.98
895	981.43	315.97
896	1 045.34	346.59
897	1 111.17	390.17
898	1 178.53	438.25
899	1 248.65	482.06
900	1 323.78	525.88
901	1 403.81	575.61

续表 4-43

水位/m	原始库容/万 m³	淤积平衡/万 m³
902	1 487.31	630.83
903	1 577.68	710.60
904	1 675.66	778.78
905	1 778.02	858.02
906	1 882.98	962.98
907	1 990.25	1 070.25
908	2 099.68	1 179.68
909	2 211.66	1 291.66
910	2 326.93	1 406.93

3. 设计洪水位

科哈拉水电站洪水调节计算不考虑机组发电,即洪水全部下泄于坝下。

科哈拉水库洪水起调水位为正常蓄水位 905 m,本电站设计洪水位($P=0.2\%$)为 905 m,校核洪水位($P=0.05\%$)为 905 m,10 000 年+10%时洪水位为 910.1 m,调洪演算所得特征水位见表 4-44。

表 4-44　科哈拉洪水调节成果

洪水频率	入库洪峰流量/ (m³/s)	最大泄量/ (m³/s)	坝前最高水位/ m	相应库容/ 万 m³
设计(0.2%)	5 410	5 410	905	1 778
校核(0.05%)	6 660	6 660	905	1 778
10 000 年+10%	8 950	8 870	910.1	2 338

4.3.3.2　玛尔

1. 洪水调度方式

玛尔水电站水库库容较小,不承担下游防洪任务,其防洪运行方式以确保枢纽本身防洪安全为目标,按照防洪排沙不同要求,分别采用敞泄或控制泄洪方式运用,洪水调度方式如下:

(1)玛尔水库汛期防洪限制水位同正常蓄水位 585 m,排沙限制水位 572 m。按工程规模起控制作用的调洪计算,起调水位为 585 m;与排沙结合运行时,起调水位可以低于 585 m,具体起调水位应依据对来水、来沙预报和水库可能的预降水位确定。

(2)当坝址洪水流量小于或等于库水位相应的泄洪能力时,按来量下泄,维持库水位基本不变。

(3)当坝址洪水流量大于库水位相应的泄洪能力时,按枢纽的泄流能力下泄,多余洪量滞蓄在库中,库水位上涨。

（4）洪峰过后,仍按泄流能力下泄,使库水位消落至正常蓄水位。

（5）单纯排洪期间,应控制出库泄量不大于当次洪水最大入库流量;排沙期间,可以在确保下游防洪安全的前提下,按照降低水位、加大流速的排沙运行要求,可以短时间内加大下泄流量。

2. 库容曲线

经 1:2 000 数字化地形图量测,玛尔水电站天然水位-面积-库容关系见图 4-40。

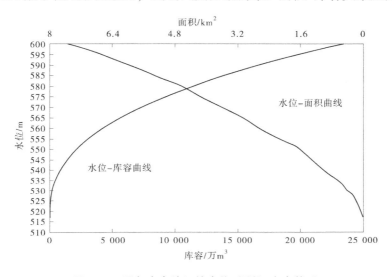

图 4-40　玛尔水电站天然水位-面积-库容关系

3. 设计洪水位

玛尔水电站 4 台机组满发流量为 1 305 m^3/s,考虑电力系统不同运行情况和本电站在洪水期常处于停机排沙运行状态,洪水调节计算中不考虑电站机组过流量。

正常蓄水位为 585 m,设计洪水位（$P=0.2\%$）为 585.00 m,对应库容为 13 967 万 m^3,相应最大下泄流量为 18 500 m^3/s;校核洪水位（$P=0.05\%$）为 587.66 m,对应水库总库容为 15 421 万 m^3,相应最大下泄流量为 22 737 m^3/s。玛尔洪水调节成果见表 4-45。

表 4-45　玛尔洪水调节成果

洪水频率	入库洪峰流量/ （m^3/s）	最大泄量/ （m^3/s）	坝前最高水位/ m	相应库容/ 万 m^3
设计（0.2%）	18 500	18 500	585	13 967
校核（0.05%）	23 300	22 737	587.66	15 421

4.3.3.3　阿扎德帕坦

1. 洪水调度方式

阿扎德帕坦水电站工程开发任务为发电,具有日调节性能。根据 PPA 约定,旱季在电力系统中承担调峰要求,雨季承担系统基荷运行。电站运行相关约定如下:

（1）当入库流量超过 1 260 m^3/s 时,可自行决定是否运行该水电站,并可将超过

1 260 m³/s 的流量,用于排沙或其他目的。

（2）当入库流量为 250~1 260 m³/s 时,电站按照径流式电站运行,保持上游水位 526 m。

（3）当入库流量小于 250 m³/s 时,可以调用水库内的水量以调峰运行方式发电。

（4）电站按照 NTDC 的发电调度指令进行调峰运行。项目公司基于电站根据预测水文情况向 NTDC 提出的发电申请,按照电网需要发出调度指令,电站调峰时间以及调峰出力无限制性条款。

防洪调度原则:以正常蓄水位为起调水位,当洪水入库流量小于溢洪道正常蓄水位的泄流能力时,按来量控制下泄,使水库维持在正常蓄水位;当洪水入库流量大于溢洪道正常蓄水位的泄流能力时,溢洪道闸门全部开启;当洪水入库流量大于 PMF 洪水时,溢洪道及底孔闸门全部开启,水库敞泄。洪峰过后,水库水位应尽快回降至正常蓄水位。

2. 库容曲线

经地形图量测,阿扎德帕坦水电站天然水位-面积-库容关系见图 4-41;库区基本达到冲淤平衡状态后,库容见表 4-46。

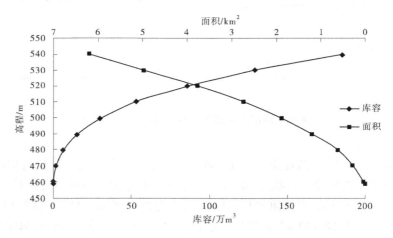

图 4-41　阿扎德帕坦水电站天然水位-面积-库容关系

表 4-46　阿扎德帕坦水电站原始及淤积平衡库容

水位/m	库容/万 m³	
	原始	50 年
460	0.002	0
470	0.015	0
480	0.06	0.003
490	0.149	0.016
500	0.302	0.1
510	0.532	0.259

续表 4-46

水位/m	库容/万 m³	
	原始	50 年
520	0.857	0.426
522	0.944	0.517
524	1.025	0.604
526	1.119	0.67
528	1.2	0.751
530	1.293	0.844
532	1.396	0.947
534	1.504	1.055
536	1.616	1.167
538	1.732	1.283
540	1.851	1.402

3. 设计洪水位

阿扎德帕坦水电站调洪演算所得特征水位见表 4-47。

表 4-47　阿扎德帕坦水电站调洪演算所得特征水位

水力要素	洪水频率/%			
	PMF	万年一遇+10%	0.01	0.1
洪峰流量/(m³/s)	35 650	32 560	29 600	21 600
起调水位/m	526.00	526.00	526.00	526.00
上游水位/m	534.89	534.64	533.28	529.30
下游水位/m	502.20	500.02	497.52	490.88
水位壅高值/m	8.89	8.64	7.28	3.30
调洪后流量/(m³/s)	35 395	31 934	29 010	21 253

注：1. 各频率洪水均从正常蓄水位 526.00 m 起调。

　　2. 从偏安全考虑，调洪计算其中未考虑机组发电流量。

　　3. PMF 洪水底孔和表孔同时参与泄洪，其他频率洪水只表孔参与泄洪。

4.3.3.4　卡洛特

1. 洪水调度方式

卡洛特水电站是以发电为主要任务的发电工程，具有日调节性能。日运行方式是在已确定的日平均出力（或日发电量）下，安排电站的瞬时出力和机组的开停及负荷分配。电站在汛期以承担系统腰荷和基荷为主，尽量少弃水；在枯水期可根据受电地区电力系统要求和入库来水情况进行调峰运行。

卡洛特水电站水库库容较小,不承担下游防洪任务,其洪水调度以确保大坝本身防洪安全为目标,起调水位为正常蓄水位 461 m,采用敞泄运用方式,调洪计算原则如下:

(1)当坝址洪水流量小于或等于正常蓄水位相应的泄洪能力时,按来量下泄,维持正常蓄水位不变。

(2)当坝址洪水流量大于库水位相应的泄洪能力时,按枢纽的泄流能力下泄,多余洪量存蓄在库中,库水位上涨。

(3)洪峰过后,仍按泄流能力下泄,使库水位消落至正常蓄水位。

2.库容曲线

经 1:2 000 数字化地形图量测,卡洛特水电站天然水位-面积-库容关系见图 4-42。

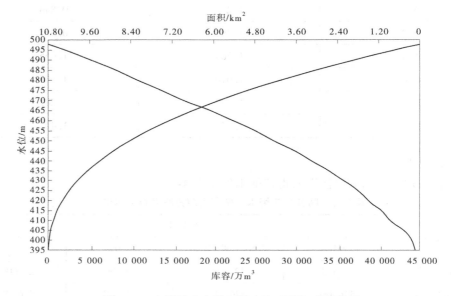

图 4-42　卡洛特水电站天然水位-面积-库容关系

3.设计洪水位

根据卡洛特水电站设计标准和相应洪水调节计算结果,卡洛特水电站的设计洪水位(P=0.2%)为 461.13 m,相应库容为 15 275 万 m³,相应泄洪流量为 20 378 m³/s;校核洪水位(P=0.02%)为 467.06 m,相应库容为 18 810 万 m³,相应泄洪流量为 28 299 m³/s。调洪演算所得特征水位见表 4-48。

表 4-48　卡洛特水电站调洪演算所得特征水位

洪水频率	入库洪峰流量/ (m³/s)	最大泄量/ (m³/s)	坝前最高水位/ m	相应库容/ 万 m³
设计(0.2%)	20 700	20 378	461.13	15 275
校核(0.02%)	29 600	28 299	467.06	18 810

4.3.4　洪水联合调度必要性

吉拉姆河干流梯级从上游至下游依次为科哈拉(1 100 MW)、玛尔(640 MW)、阿扎德帕坦(700.7 MW)和卡洛特(720 MW),水库群调节性能均为日调节。4 个梯级电站工程开发任务均为发电,无防洪任务。梯级电站水库防洪运行方式以确保枢纽本身防洪安全为目标。单一工程设计拟定防洪调度运行方式和原则主要是针对设计校核洪水工况,以保坝为目标。梯级水电站群均设置有水情自动测报系统,且开展水情测报梯级联合设计方案工作,因此具备有梯级水情测报的基础,通过水情预报系统的介入,汛期结合排沙调度对于拦蓄洪水、削减洪峰可有一定效果。

科哈拉—玛尔—阿扎德帕坦—卡洛特,梯级电站坝址之间的距离分别为 79 km、22 km 和 27 km,按山区型河道估算洪水传播时间,科哈拉至玛尔洪水传播时间约为 6 h,玛尔至阿扎德帕坦坝址、阿扎德帕坦至卡洛特坝址之间洪水传播时间均在 2 h 以内。科哈拉距玛尔坝址之间的距离较长,当洪水中心位于科哈拉上游时,具有下游结合排沙要求梯级提前加大出力发电预降水位的可能性。因此,可依据水情短期预报成果,从充分利用水资源、尽量少弃水、多发电的角度考虑,加强常年洪水的利用。

总体上,吉拉姆河干流科哈拉、玛尔、阿扎德帕坦、卡洛特等 4 座水电站调节性能较弱,属日调节电站,依据水情短期预报成果,结合排沙调度开展梯级洪水联合调度,对增强水库应对超标准洪水的能力、降低洪水风险有一定意义,对于常年洪水可以通过加大出力预泄库容的方式增发少量电能,充分利用水资源、尽量减少弃水,同时汛期结合排沙进行梯级洪水联合调度有利于稳定调节库容,减少泥沙淤积对发电尾水的影响,确保预期发电效益。

4.3.5　洪水联合调度运行方式

4.3.5.1　调度原则

梯级电站联合防洪调度时,主要原则如下:

(1)遵循水库独立运行中的"不人为加大原则",水库遭遇设计洪水或校核洪水时的泄洪过程,最大下泄流量不大于入库洪峰流量。

(2)需要充分考虑水库泄洪对下游水库的影响,上游水库下泄流量与下游区间洪水叠加时,不对下游水库产生洪灾危害。

(3)如果上游水库设计防洪标准明显低于下游水库,下游水库遭遇特大洪水的保坝措施需要考虑上游水库的溃坝影响。

(4)与排沙、发电任务统筹兼顾。

4.3.5.2　洪水联合调度运行方式

吉拉姆河流域梯级水库联合洪水调度的目的是在保证各水库大坝及水工建筑物安全稳定运行的前提下,对入库洪水进行科学、合理、经济的调度,增强水库应对超标准洪水的能力、降低洪水风险,少弃水、多发电,充分利用水量,使整个梯级电站达到节能降耗和发电效益最大化,以及稳定调节库容,减少泥沙淤积对发电尾水的影响,确保预期发电效益。梯级水库的洪水联合调度运行方式如下:

(1)单独排洪期间,各水库由正常蓄水位起调,按照拟定的泄洪建筑物运用方式根据入库流量分级逐步启用泄洪建筑物泄洪,当水库泄洪能力大于入库洪水流量时,按入库流量泄洪,维持库内水位在正常蓄水位;当水库泄洪能力小于入库洪水流量时,按水库泄洪能力泄洪,库内水位上涨;洪峰通过水位开始回落时,仍按照水库泄洪能力泄洪直至库内水位降至正常蓄水位。

(2)与排沙结合运行时,起调水位可以低于正常蓄水位,具体起调水位应依据对来水、来沙预报和水库可能的预降水位确定,运行期间水位根据排沙要求控制。根据水情测报有较大量级洪水时,可考虑与排沙结合运行的可能,洪水来临前,预降水位至起调水位,腾空部分库容蓄滞洪水,电站在死水位以上时正常发电,水位降至死水位以下时停机。

(3)发生中小洪水情况下,无冲沙安排时可考虑结合发电进行调度,充分利用水量。具体调度运用时,可根据上游水库出、入库洪水观测情况,结合来水预报,利用各梯级之间洪水传播时间伺机加大出力,充分利用库蓄电能使机组满发,待来水满足机组满负荷运行时进行回蓄操作,如水位降至死水位来水仍不能达到满负荷运行要求,按照保证出力运用水量,余水充蓄水库。

(4)上游水库泄洪过程中,需确保下游水库安全。涨洪段应确保下泄洪水流量不大于入库洪水流量,结合排沙降水位运行时允许短时间加大下泄流量。退水期间一般按照水库下泄能力泄洪直至正常蓄水位,但应结合上下库区间来水情况,必要时减少下泄,避免叠加区间洪水后下游水库入库流量超过天然洪水洪峰流量,形成人造洪水,威胁下游水库安全。

(5)科哈拉坝址以上集水面积 14 060 km²,科哈拉—玛尔区间集水面积 11 274 km²,两者合计集水面积占卡洛特坝址以上集水面积 26 700 km² 的 94.8%,因此梯级洪水调度时,重点做好首级水库科哈拉来水以及科哈拉—玛尔区间来水的水情测报,作为调度运行的重要参考。

(6)遇超标准洪水、战争、地震等非常情况时,以保证大坝安全为主,采取的应急措施须尽可能考虑下游损失。

(7)各梯级洪水调度时,需加强实时运行数据和水文气象数据共享、加强单库间协作、增加与流域管理机构以及电网的沟通以提高联合调度效果。

4.3.5.3　泄洪建筑物运行方式

(1)科哈拉水电站泄水建筑物由泄流底孔和溢洪道组成,其中 4 个泄洪底孔兼有泄洪和冲沙作用。泄洪建筑物开启顺序:先开启泄流底孔,当入库洪水流量逐渐增大,水库水位超过正常蓄水位时再开启表孔泄洪。

(2)玛尔泄水建筑物由坝身泄流表孔和泄洪排沙孔组成。溢流表孔布置在主河床,共 5 孔,泄洪排沙孔采用有压坝身泄水孔,共 4 孔。在泄水过程中,各建筑物优先使用的顺序为:泄洪排沙孔、溢流表孔,同类泄水建筑物优先使用的一般顺序为从左至右。

(3)阿扎德帕坦泄水建筑物由 7 个表孔、2 个底孔组成。PMF 洪水底孔和表孔同时参与泄洪,其他频率洪水只表孔参与泄洪。

(4)卡洛特水电站泄洪建筑物包括 6 个表孔和 2 个泄洪冲沙孔。在泄水过程中,各建筑物优先使用的顺序为:泄洪排沙孔、溢流表孔。

4.3.5.4 超标准洪水防御

（1）科哈拉入库洪水流量超过 5 410 m³/s，玛尔入库洪水流量超过 18 500 m³/s，阿扎德帕坦入库洪水流量超过 21 600 m³/s，卡洛特入库洪水流量超过 20 700 m³/s 时，且洪水处于发展过程中，各电站转入超标准洪水防御阶段。

（2）统一流域梯级超标准洪水防御指挥，负责科哈拉、玛尔、阿扎德帕坦、卡洛特等 4 座梯级水电站的运行和防洪调度，以及与巴基斯坦相关管理部门的联系。在此基础上各梯级电站各自成立领导小组，负责本电站洪水防御工作，并及时将水情、工情、调度计划、突发情况等上报至梯级调度指挥中心，由梯级调度指挥中心汇总各电站上报信息、统一分析并下达调度指令。

（3）各电站应做好水情、雨情观测工作，加强洪水预报、调度分析工作，掌握天气变化发展动态。

（4）各电站做好大坝表明位移和各项监测数据的观测记录，及时整理、分析观测数据的变化情况，如发现异常现象等有关问题，及时向上级汇报。加强大坝巡逻，目视监测大坝动态。

（5）防御超标准洪水期间，成立相关业务小组。包括：①应急操作组，负责及时准确地执行调度指令，保证发电、泄洪和闸门启闭安全，确保备用电源安全运行，发现故障及时报告，并立刻组织有关人员排除故障；②机械专业应急组，负责做好水库防洪抢险期间电厂机组安全运行和电气维修养护工作，保证机电设备运行正常；③物资保障应急组，负责保证抗洪抢险物资随时发放，急需物资及时采购或调配，防汛专用仓库昼夜值守；④通信保障组，负责保持通信畅通。

（6）当水情持续发展，根据上级指令采取应急和撤退措施。应急措施主要有加大泄流和水库抢险。根据来水情况，设法加大泄洪流量，开启全部泄洪设施加大泄洪流量，如仍不能控制水位的上涨，在做好相应准备的情况下，可根据坝型和地形条件考虑临时破口或坝顶泄洪。加强水库的抢险：对水库大坝、泄洪建筑物等出现的各类险情要及早发现，有针对性地采取相应措施及时抢护，特别是临时加高、加固土石坝顶防浪墙，以防洪水漫坝顶，以及渗漏、管涌、裂缝、滑坡等险情的抢护等，确保坝体安全。

（7）由于阿扎德帕坦设计、校核标准高于上游的玛尔和科哈拉，当玛尔和科哈拉转入超标准洪水防御阶段时，阿扎德帕坦应进入防御准备阶段，防御超标准洪水过程中，需要密切关注上游水情以及玛尔、科哈拉水库大坝的安全情况。

4.3.6 洪水联合调度运行效果

洪水联合调度的效果体现在降低洪水风险，减少弃水、增加发电水量利用率，以及维护调节库容确保电站长期稳定运行等三方面。

（1）降低洪水风险。理论上，吉拉姆河干流科哈拉、玛尔、阿扎德帕坦、卡洛特等 4 座水电站全部投入运行后，由于水库的滞蓄作用，即使汛期由正常蓄水位起调也会使得出库流量较入库洪水过程略微坦化，对下一级水库而言入库洪水过程较天然来水矮胖，且坦化效应越向梯级下游越明显。结合排沙调度时，可以预先降低库内水位，腾出部分库容用于蓄洪，使得出库洪水过程更为坦化，有利于减轻下级水库的防洪压力，同时降低水库自身各级洪水的设计水位,减少超标准洪水对建筑物的破坏,降低洪水风险。科哈拉、玛尔、阿扎德帕坦、卡洛特等 4 座水电站的水库正常蓄水位至死水位间的调节库容分别为 511 万 m^3、3 834 万 m^3、1 750 万 m^3、4 905 万 m^3,相对设计洪水而言水库库容较小,洪水调控能力差,水库泄洪建筑物基本按照下泄设计洪水洪峰流量进行考虑,因此如从正常蓄水位起调,从调洪结果上看,出库洪水过程与入库洪水过程基本相同,水库蓄滞作用有限。如汛期结合排沙调度降低水位运行,可腾出部分库容蓄滞洪水,由于降低水位后相应时段水库的排洪能力降低,加之正常蓄水位至死水位间的库容较小,因此预泄的库容对于较大量级洪水调峰所起的作用不显著,降低水位的效果有限。综上,梯级联合运行,汛前结合预报和排沙调度预降水位,可以对常遇洪水发挥一定的调峰作用,降低坝前洪水位,减少下泄流量,但对于设计标准洪水作用不明显,且对预报调度的要求较高。

(2)减少弃水、增加发电水量利用率。结合排沙要求联合调度有利于优化各梯级电站运行工况,提高梯级整体发电量。根据梯级测报系统的水情预报,通过联合调度预降水位可以短时加大出力,增加一部分电量。丰水年份洪水季节来水较丰,电站基本处于基荷或腰荷位置,基本处于满发状态,因此通过预泄加大出力增加的电量非常有限。另外,结合汛期排沙要求开展联合洪水调度可以提高排沙效果,较单库单独排沙调度可以有效减少各梯级尾水处河底淤积,降低尾水处壅水顶托,增加发电水头,提高设备利用率和发电量。

(3)维护调节库容确保电站长期稳定运行。吉拉姆河泥沙问题突出,干流梯级电站调节性能较差,均为日调节电站,调节库容有限,因此进行联合洪水调度的同时,根据来水、来沙情况和电力生产安排开展排沙调度,有效控制泥沙,减少泥沙淤积影响,确保调节库容,降低尾水处淤积高程对发电水头的影响是确保电站长期稳定运行和充分发挥效益的关键。经分析,汛期结合排沙要求进行联合洪水调度,玛尔电站、阿扎德帕坦电站、卡洛特电站运行 10~20 年泥沙冲淤平衡,水库日调节库容得以保持。

总体上,联合洪水调度通过预降水位、腾出库容可以对中小洪水起到一定的蓄滞作用,对校核工况及较大量级洪水蓄滞作用不明显,核心效益体现在洪水调度期间开展排沙调度可以维护调节库容、实现“门前清”以及减小淤积对发电尾水位的影响,提高发电设备利用率,增加发电效益,确保电站长期稳定运行。

4.4　梯级电站联合排沙调度研究

吉拉姆河属多泥沙河流,天然情况下玛尔、阿扎德帕坦、卡洛特电站水库多年平均悬移质输沙量约为 3 200 万 t,多年平均径流量约 817 m^3/s,多年平均水流含沙量 1.25 kg/m^3。水库库沙比均为 5,属泥沙问题非常严重型工程。吉拉姆河梯级电站都具有“流量较大、沙量较多、库容较小,水库淤积问题突出”等特点。使水库在保持电站日调节所需的有效库容、最大限度地减少水库库尾泥沙淤积,又要尽可能降低电站引水水流泥沙含量,减轻泥沙对水轮机的磨损,发挥梯级电站最大效益是电站枢纽设计、运行中需解决的关键问题。

单一水库解决泥沙问题势单力薄,但梯级水库群在高水位发电时共同分担泥沙淤积,大洪水时从上到下依次停机敞泄排沙,将前期淤积在水库群中的泥沙带到下游,确保泥沙

"穿堂过"。

　　综上所述，"淤积时共分担，排沙时穿堂过"，梯级电站联合排沙调度将是吉拉姆河干流梯级电站经济效益最大化的最佳解决方案。

4.4.1　入库水沙特性分析

　　吉拉姆河卡洛特以上干支流水文站近 10 个，大多设立于 1965 年左右，管理比较规范，水沙测验数据比较可靠。吉拉姆河干支流梯级电站及水文站分布见图 4-43，吉拉姆河干支流梯级电站天然水沙量成果见表 4-49。天然情况下，玛尔坝址以上水沙量主要来源于支流尼拉姆河，干流吉拉姆河相对水多沙少，支流库纳尔河水沙适中。阿扎德帕坦水电站居于吉拉姆河干流梯级电站中心位置，入库水沙情况与玛尔、卡洛特水电站相差甚微，仅以阿扎德帕坦坝址为代表简要介绍吉拉姆河干流天然水沙特性情况。

图 4-43　吉拉姆河干支流梯级电站及水文站分布

表 4-49　吉拉姆河干支流梯级电站天然水沙量成果

水电站	河流	控制面积/km²	多年平均流量/（m³/s）	年均悬移质输沙量/万 t	年均含沙量/（kg/m³）
尼拉姆水电站	尼拉姆河	7 240	350	2 350	2.13
帕春水电站	库纳尔河	2 380	120	320	0.85
科哈拉水电站	吉拉姆河	14 060	302	330	0.35
科哈拉水电站	吉拉姆河	24 890	790	3 000	1.20
玛尔水电站	吉拉姆河	25 334	796	3 051	1.22

续表 4-49

水电站	河流	控制面积/ km²	多年平均流量/ (m³/s)	年均悬移质 输沙量/万 t	年均含沙量/ (kg/m³)
阿扎德帕坦水电站	吉拉姆河	26 183	817	3 272	1.27
阿扎德帕坦水电站	吉拉姆河	26 485	818	3 189	1.24
卡洛特水电站	吉拉姆河	26 700	819	3 328	1.29

　　根据 1979—2009 年日悬移质含沙量实测资料点绘的阿扎德帕坦站日流量-日悬移质输沙量关系曲线,推算得到的干流玛尔、阿扎德帕坦、卡洛特输沙量分别为 3 051 万 t、3 272 万 t、3 328 万 t。多年平均含沙量约为 1.27 kg/m³。其中,阿扎德帕坦水电站历年悬移质输沙量见图 4-44。

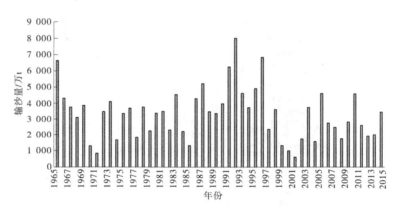

图 4-44　阿扎德帕坦水电站坝址悬移质输沙量系列(1965—2014 年)

　　阿扎德帕坦水库多年平均入库水沙年内分配见表 4-50 和图 4-45,显示出多年平均入库水沙并不均匀,4~8 月水量占全年的 72.4%,而同期沙量则占全年的 87.45%,说明沙量的年内不均匀程度更甚于水量。

　　阿扎德帕坦水库的水沙系列年际变化较大,最大年径流量为 372.7 亿 m³,发生在 1996 年,最小年径流量为 118.8 亿 m³,发生在 2001 年,最大值与最小值之比为 3.14;而最大年输沙量为 8 000 万 t,发生在 1992 年,最小年输沙量为 588 万 t,发生在 2001 年,最大值与最小值之比为 13.6,输沙量年际变化的程度远大于径流量的变化程度。

　　阿扎德帕坦水库 1965—2014 年系列分级流量统计见表 4-51。从日流量大于 2 000 m³/s 统计看,50 年系列中日流量大于 2 000 m³/s 共发生 1 141 d,平均年均 22.82 d,占年总时间的 6.3%,而期间输沙量却占年均悬移质输沙总量的 33.67%,因此大水时期挟带更大比例沙量的特性为阿扎德帕坦水电站水库合理的水沙调度创造了有利条件。

表 4-50　阿扎德帕坦水库坝址水量以及悬移质输沙量年内分配

月份	流量/(m³/s)	径流量/亿 m³	径流量比例/%	输沙量/万 t	输沙量比例/%	含沙量/(kg/m³)
1	218	5.8	2.26	12	0.37	0.21
2	338	8.2	3.20	31	0.94	0.37
3	709	19.0	7.36	153	4.68	0.81
4	1 251	32.4	12.58	420	12.83	1.29
5	1 686	45.2	17.52	767	23.43	1.70
6	1 720	44.6	17.30	802	24.52	1.80
7	1 408	37.7	14.63	578	17.65	1.53
8	999	26.8	10.38	295	9.02	1.10
9	638	16.5	6.42	157	4.79	0.95
10	342	9.2	3.56	31	0.94	0.34
11	250	6.5	2.51	15	0.45	0.23
12	219	5.9	2.28	12	0.38	0.21
平均	817	257.7	100.00	3 272	100.00	1.27

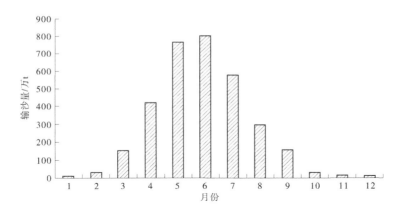

图 4-45　阿扎德帕坦水库坝址悬移质输沙量年内分配

表 4-51　阿扎德帕坦坝址各流量级天数及期间输沙量统计(1965—2014 年)

流量级/(m³/s)	1965—2014 年系列			
	年均天数/d	总天数/d	输沙量/万 t	输沙量占比/%
≥3 500	0.38	19	4 825	2.95
≥3 000	1.24	62	8 447	5.16
≥2 500	5.18	259	20 468	12.51
≥2 000	22.82	1 141	55 095	33.67
≥1 500	66.6	3 330	10 500	65.2
≥1 300	86.46	4 323	123 915	75.73
≥1 260	91.08	4 554	126 910	77.56

4.4.2　梯级电站单独运行泥沙成果

吉拉姆河水沙主要集中于汛期,阿扎德帕坦电站水库多年平均入库水沙天然情况下年内分配表显示,多年平均入库水沙并不均匀,4—8月水量占全年的72.4%,而同期沙量则占全年的87.5%。主汛期(4月16至7月15日)水量占全年的50%,沙量占全年的69%,说明沙量年内分配的不均匀程度更甚于水量。

玛尔、阿扎德帕坦、卡洛特电站可行性研究报告显示,梯级电站单独排沙调度时,电站因排沙而停止发电时间分别为16.8 d、10 d和16.8 d。电站运行10~15年时大部分库容被泥沙侵占,库尾泥沙淤积厚度达3~5 m,抬高上一级电站尾水位约3 m,其结果是上一梯级电站可能达不到满出力运行条件,导致电站的容量、电量都达不到设计要求,会给投资方带来较大风险。

以下对卡洛特、阿扎德帕坦、玛尔电站单独排沙运行时水库泥沙冲淤成果进行简单介绍。

4.4.2.1　玛尔水电站水库泥沙计算分析成果

1. 玛尔水电站取水防沙设施布置

玛尔水电站建成后库容较小,库沙比仅为5左右,在不设置排沙措施的情况下,泥沙淤积问题将比较严重。为使电站建成后保持一定的长期有效库容,减小过机泥沙对水轮机的磨损,保障电站发电效益长期稳定,避免泥沙淤积和冲刷给工程、库区、下游可能造成的灾害,本阶段从水沙调度、防沙排沙工程措施等方面进行了研究,其中防沙排沙工程措施提出了设置4个泄洪排沙孔、3个冲沙孔的方案,通过一维数模、二维数模、物理模型等计算和试验研究,4个泄洪排沙孔和3个冲沙孔可以满足排沙调度的要求。下面对选定方案的排沙中孔、排沙底孔工程进行简要介绍。

1)泄洪排沙孔

玛尔水电站泄水建筑物和引水发电建筑物分列式布置,引水发电系统靠左岸侧布置,泄洪排沙中孔布置在发电进水口右侧的河床部位,溢流坝段布置于泄洪排沙中孔右侧。其中,泄洪排沙孔主要承担排沙任务,其次是泄洪并兼顾水库放空。

泄洪排沙孔采用有压坝身泄水孔,每个坝段设2孔,共4孔,底槛高程为540.00 m,出口弧门尺寸为5.5 m×8 m(宽×高),工作弧门布置在坝体外下游侧,下泄水流采用底流消能。

泄洪排沙孔规模按在排沙水位572.00 m时下泄2年一遇洪峰流量(3 200 m^3/s)并稍有富余的原则进行设计。

2)"门前清"冲沙孔

为解决发电引水洞进水口淤堵和"门前清"问题,并减少发电时有害粒径泥沙过机,在电站发电洞进水口左下侧设置冲沙孔,共3孔。

冲沙孔进口布置于发电引水洞进水口左侧下端,冲沙孔进口底高程537.00 m,经反弧挡沙鼻坎至540.00 m。3条冲沙孔钢管直径3.20 m,采用坝内埋管形式,与压力引水道平行布置,自厂房机组间穿过,出口高程511.31 m。3条冲沙孔合计流量约270 m^3/s。

冲沙孔分进口段和压力钢管段。进口段设检修闸门,斜向布置;坝内540.00 m高程设事故检修闸门;压力钢管段出口设工作闸门,孔口尺寸 1.80 m×1.80 m。

因不排沙时事故门可能被淤堵,故将进口做成虹吸式接驼峰堰的形式,从进口 537.00 m 经圆弧连接上升至 540.00 m,并设有反弧拦沙鼻坎。进口段形成一个不易进沙的空腔,并在此段安置高压喷水喷气系统,待事故闸门关闭后,闸门前的高压水系统便开始工作,使之不被泥沙淤堵。

2. 水沙调度方案

根据《水电工程泥沙设计规范》(NB/T 35049—2015),综合考虑玛尔水电站库区、径流、泥沙、库容、发电功能、泄流建筑物及泄流能力、洪水调度方式,并参考其他类似水电站排沙调度运行方式,初拟玛尔水电站按分级流量控制库水位的排沙调度运行方式。即在汛期的主要来沙期设置分级排沙运行控制水位及分级起排流量,当入库流量大于各级起排流量时,降低库水位至各级排沙运行水位范围运行。

综合分析玛尔水电站上游来水来沙情况及水电站相关设计参数,拟定玛尔水电站按两级流量控制库水位的排沙调度方式运行,初拟第一级起排流量 1 350 m³/s,第一级排沙平均运行水位为降低至消落水深的一半(581 m);初拟第二级排沙运行水位为 568~576 m,第二级起排流量为 1 800~2 200 m³/s。即当入库流量大于第一级起排流量(1 350 m³/s)而又小于第二级起排流量时,在基本不影响发电的前提下,水库运行水位降低至消落水深的一半(581 m)运行,利用发电弃水进行排沙;当入库流量大于第二级起排流量时,水库运行水位降低至第二级排沙运行水位运行。其中,在水库降水排沙的过程中,为保证库岸坡稳定,按单日水位降幅不超过 5 m 考虑,直至排沙运行水位;当水库水位降至死水位以下,电站停机;当入库流量小于起排流量后,水库水位逐步回蓄至正常蓄水位,回蓄期间每天的水位上涨幅度初步按不超过 8 m 控制。

针对初拟的排沙调度运行方式,为了选择合理的第二级起排流量、第二级排沙运行水位、第二级起排流量的冲沙时间等,采用一维泥沙数学模型计算,从库区泥沙淤积、剩余有效库容、对发电时间的影响等方面对排沙调度运行方式进行了比选论证。

在第二级起排流量和第二级排沙运行水位比选的基础上,为了进一步减少排沙运行对发电的影响,对排沙时间进行优化比选。由各方案计算结果可以看出,减少排沙时间对库区泥沙淤积量的影响较为明显。在保证运行 20 年剩余有效库容的基础上,考虑到减少排沙天数对提高发电效益效果明显,因此本阶段选定年平均排沙天数在 16.8 天左右。

综合以上比选分析,推荐玛尔水电站排沙调度运行方式为:当入库流量大于第一级起排流量 1 350 m³/s,但小于第二级起排流量 2 000 m³/s 时,在基本不影响发电的前提下,适当降低水库运行水位至一半的消落深度(581 m 水位),利用发电弃水从冲沙孔和排沙孔排沙;当入库流量大于第二级起排流量 2 000 m³/s,水库水位降低至第二级排沙运行限制水位(572 m)以下运行,一天的水位降幅不超过 5 m,排沙期间运行最低水位一般为 568 m,平均水位在 570 m 左右,当水库水位降至死水位 577 m 以下,电站停机;一次冲沙后期,当入库流量小于第二级起排流量 2 000 m³/s 时,水库水位逐步回蓄至正常蓄水位 585 m,回蓄期间每天的水位上涨初步按不超过 8 m 控制。

在降低库水位至第二级排沙运行限制水位以下的过程中,为了尽量降低排沙对发电的影响、提高排沙效率,对部分可能第二级排沙时间较长的年份,考虑中后期排沙效率降低的情况,适当减少中期排沙天数,在后期或者当年汛末进行集中排沙,以达到减少年度总排沙时间、降低对发电的影响、提高排沙效率的目的。另外,对于第二级排沙单次冲沙时间较短、时间分布零散的冲沙要求,在流量不是特别大并满足调洪需求的情况下,考虑到降水过程和回蓄过程次数较多对发电的不利影响,尽量对单次冲沙时间较短、分布零散且流量不是特别大的冲沙要求进行适当集中冲沙,使其按照汛期前段和汛期后段时间集中冲沙的方式进行排沙调度。

3. 库区泥沙冲淤计算分析

根据比选的水沙调度方案,对玛尔水电站运行 20 年库区泥沙冲淤变化过程以及库容变化情况进行了模拟计算,其计算结果分析如下。

1)库区泥沙淤积总量(含推移质)

中国水利水电科学研究院计算成果表明,玛尔水电站库区前 10 年淤积较快,运行第 10 年末库区累计淤积量为 15 702 万 t;第 10 年以后淤积速度逐渐减缓,少数年份出现冲刷,水库运行 20 年末累计淤积量为 17 344 万 t;库区泥沙累计淤积量变化过程分别见图 4-46 和表 4-52。上海勘测设计研究院有限公司计算成果表明,水库运行 20 年后库区累计淤积量为 17 913 万 t,与中国水利水电科学研究院计算成果基本相同。

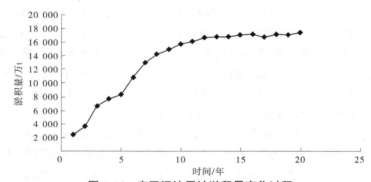

图 4-46   库区泥沙累计淤积量变化过程

表 4-52   库区泥沙累计淤积量变化统计

运用年限/年	1	2	3	4	5	6	7	8	9	10
淤积量/万 t	2 353	3 586	6 625	7 677	8 279	10 737	12 914	14 199	14 902	15 702
运用年限/年	11	12	13	14	15	16	17	18	19	20
淤积量/万 t	16 092	16 662	16 775	16 731	17 012	17 133	16 709	17 162	17 014	17 344

2)悬移质排沙比及淤积平衡年限

中国水利水电科学研究院计算成果表明,玛尔水电站运行第一年悬移质排沙比为 0.340,以后至冲淤平衡排沙比呈逐渐增加趋势;由于计算采用的水沙系列水沙量年度分布不均,排沙比过程呈现出明显的锯齿状(见图 4-47);但从总体的发展趋势来看,水库运行 13 年后排沙比达到 90%以上,库区基本达到冲淤平衡,见表 4-53。上海勘测设计研究院有限公司计算成果表明,水库运行第 15 年后库区冲淤基本达到平衡。

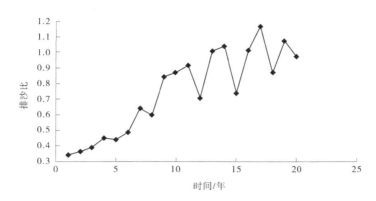

图 4-47　运行 20 年悬移质排沙比变化过程

表 4-53　运行 20 年悬移质排沙比统计

运用年限/年	1	2	3	4	5	6	7	8	9	10
排沙比	0.340	0.360	0.388	0.448	0.438	0.482	0.638	0.595	0.844	0.868
运用年限/年	11	12	13	14	15	16	17	18	19	20
排沙比	0.915	0.706	1.011	1.040	0.737	1.015	1.171	0.867	1.074	0.972

3）库容变化

中国水利水电科学研究院计算成果表明,玛尔水电站运行前 10 年库容减小比较明显,10 年以后库容变化很小,库容曲线基本重合;水库运行 20 年后剩余死库容 860 万 m³,正常蓄水位 585 m 以下剩余库容 2 714 万 m³,剩余有效库容为 1 854 万 m³,见图 4-48。上海勘测设计研究院有限公司计算成果表明,水库运行 20 年后 585 m 正常蓄水位以下剩余库容 2 701 万 m³,其中剩余有效库容 1 600 万 m³。

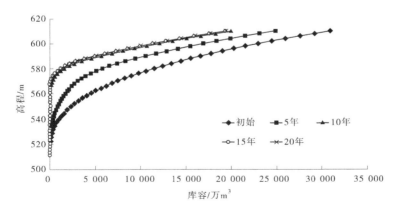

图 4-48　玛尔水电站运行不同年限库容曲线变化

4）坝前泥沙淤积高程及库区深泓沿程变化

中国水利水电科学研究院计算成果表明,玛尔水电站库区泥沙淤积呈三角洲型往坝前推进,运用第 10 年末淤积体已推到坝前,坝前断面淤积高程为 558.44 m;运行第 10 年后库区深泓变化较小,运用 20 年后的坝前断面淤积高程为 559.17 m,见图 4-49。上海勘测设计研究院有限公司计算成果表明,水库运行第 12 年三角洲淤积体推至坝前,运用 20 年后的坝前断面深泓高程为 555.5 m。

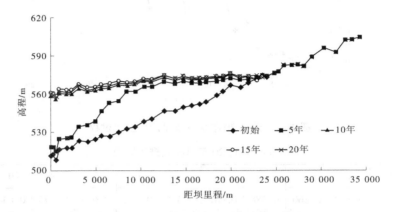

图 4-49　不同运行年限玛尔水电站库区纵剖面变化

综合以上分析可以看出,根据推荐的水沙调度方案运行,玛尔水电站运行前 10 年库区泥沙淤积较快,相应库容减小比较明显,排沙比不断增大,库区泥沙淤积呈三角洲型往坝前推进,运行第 10 年末累计淤积量为 15 702 万 t,10 年以后淤积速度逐渐减缓,部分年份出现冲刷;运行 13～15 年以后库区泥沙冲淤基本达到平衡,平衡以后库容变化较小,排沙比稳定在 1.0 左右;运行 20 年库区累计淤积量在 17 000 万 t 左右,正常蓄水位 585 m以下库容剩余约 2 700 万 m³,剩余有效库容为 1 600 万～1 800 万 m³,坝前断面淤积高程为 555～559 m。

5)水库回水成果

按照天然河道断面及水库运行 20 年后的河道泥沙淤积地形推算 5 年一遇标准洪水的天然水位及建库后淤积回水水位,计算成果见表 4-54。

表 4-54　玛尔水库 5 年一遇洪水水面线成果

距坝里程/km	天然河底高程/m	天然水面线/m	淤积 20 年河底高程/m	5 年一遇回水位/m
0	511.4	529.08	559.17	585.00
0.21	512.3	529.49	558.87	585.01
0.61	508.6	530.57	558.62	585.03
0.88	516.9	531.07	562.78	585.05
1.78	518	533.82	561.45	585.14
2.26	517.8	535.21	561.89	585.20
3.1	523.5	537.25	567.08	585.23

续表 4-54

距坝里程/km	天然河底高程/m	天然水面线/m	淤积 20 年河底高程/m	5 年一遇回水位/m
4.08	522.8	540.13	562.79	585.35
4.95	524.7	542.6	564.37	585.57
5.62	527.2	544.47	565.82	585.72
6.5	527.1	546.1	566.22	585.97
7.5	530.1	547.68	568.8	586.26
8.45	532.7	549.89	568.03	586.42
9.35	534.4	551.92	569.03	586.83
10.29	538.4	553.85	571.15	587.04
11.18	540.5	556.07	571.06	587.39
12.59	546.7	559.56	575.14	587.85
13.79	546.8	562.55	572.28	588.26
14.69	549.5	564.54	574.12	588.56
15.6	550.9	566.22	572.58	588.85
16.5	552.1	569.09	572.69	589.13
17.19	553.4	570.75	572.92	589.48
18.38	558.9	574.24	573.89	590.08
19.1	561.7	576.39	574.25	590.25
19.94	566.9	579.41	576.37	590.66
21.02	565.2	582.07	573.51	591.06
21.9	568.7	584.68	573.91	591.56
22.38	570.6	586.03	574.46	591.84
22.86	572.5	587.37	575.00	592.11

　　水库运行 20 年左右时,玛尔电站尾水处泥沙淤积厚度为 3.85 m,5 年一遇洪峰流量 4 230 m³/s 水位达 591.84 m,比初期运行水位 589 m 抬高了 2.84 m。额定流量 1 305 m³/s 水位达 587 m,比初期运行水位 585.2 m 抬高了 1.8 m。

4.4.2.2　阿扎德帕坦电站水库泥沙计算分析成果

1. 枢纽取水防沙布置

　　吉拉姆河属山区性河流,库区河谷狭窄,岸坡陡立,沟谷发育。径流以融雪水和季节性降水补给为主,汛期开始较早,径流年内分配不均,汛期洪水量级大、泥沙含量高,4—7 月输沙量占全年输沙量的 78.4%,且来沙量往往集中在几场较大洪水中。根据吉拉姆河

特点,首部枢纽布置设计应满足以下要求:

(1)吉拉姆河年内径流分布不均,汛期洪水规模大。枢纽应具备充足的泄洪能力,以保证枢纽洪水期运行及防洪安全。

(2)阿扎德帕坦水库为河道形水库,正常蓄水位相应原始库容为 1.12 亿 m^3,天然情况下多年平均输沙量 2 844 万 m^3,库沙比仅为 4,因此应布置足够的冲沙设施,并采取合理的调度运行方式,以保证调节库容。

(3)应避免底、表孔下泄水流对坝址下游河床和岸坡的严重淘刷,保证首部枢纽及其他建筑物的正常运行。

(4)主电站最大水头 65 m,设计发电引水流量 1 260 m^3/s。应采用合理的机组布置形式,控制发电引水系统中的沙量。

为保证电站最低引水高程高于水库冲淤平衡高程,并在各运行条件下减少粗颗粒泥沙进入引水流道,左侧岸边进水口距泄洪排沙底孔约 60 m,进水口底板高程确定 506.0 m,比底孔进口高程 473.0 m 高出 33 m,按照水工模型试验成果及参考相关的泥沙设计经验,电站进水口引渠均在泄洪排沙孔排沙漏斗之内,可保证进水口"门前清"。

2. 水库排沙运行方式

阿扎德帕坦水电站水库正常蓄水位 526 m 以下原始库容约 1.12 亿 m^3,库沙比仅为 4,属泥沙问题严重型工程,必须对泥沙问题予以足够重视。

水库泥沙调度运用方式分析:

(1)从原招标报告中电站水库泥沙调度运用方式看,每年 3 月或 4 月初进行一次冲沙,冲沙时间安排在流量 500~1 000 m^3/s 时,冲沙将持续进行 4~10 d。因为 3 月或 4 月初入库流量小,因此冲沙流量小,冲沙效果就非常有限,达不到预期效果,而且在入库沙量占 66%的汛期 5—7 月不进行冲沙,有效库容被泥沙侵占,8 月以后电站将失去日调节功能。显然这种水库泥沙调度运用方式不合理。

(2)参照下一梯级卡洛特电站水库泥沙调度运用方式,初步拟定阿扎德帕坦电站主汛期(4 月 16 日至 7 月 15 日)水库泥沙调度运行方式:①当入库流量在 1 260~1 500 m^3/s 时,利用 526~522 m 的调节库容集中 6 h 加大泄量排沙,此时电站正常发电,弃水优先经排沙底孔下泄;②当入库流量在 1 500~2 000 m^3/s 时,利用 526~522 m 的调节库容 1 d 之内两次集中 6 h 加大泄量排沙;③当入库流量大于 2 000 m^3/s 时,水库降水位至 522 m 排沙,弃水优先经排沙底孔下泄,此时电站正常发电,当流量大于 4 450 m^3/s 时(相当于 5 年一遇洪峰流量)敞泄排沙,打开泄洪闸、排沙底孔,电站停发;④当入库流量小于 2 000 m^3/s 时,水库水位逐步回蓄至 526 m 发电。此运行方式多年平均有 17 d 停止发电。电站如采用此运行方式,经初步计算,在电站运行 5 年左右,水库的剩余有效库容仅剩余 800 万 m^3,将不能满足电站日调节要求。因此,这种水库泥沙调度运用方式也不合理。

(3)由于阿扎德帕坦水库库容较小,为尽量减少淤积,保持一定有效库容,水库应进行主汛期(4 月 16 日至 7 月 15 日)排沙水位运行或敞泄排沙运行:

①以主汛期降低库水位为主,在长期保持电站日调节库容的基础上最大限度多发电。即入库水沙集中的主汛期 4 月中旬至 7 月中旬水库水位分别为 521 m、522 m、523 m 运行,通过水沙数学模型计算,得出 50 年内电站水库库容变化、过机泥沙含量等特征值。

②以主汛期来大洪水期间敞泄排沙为主,在长期保持电站日调节库容的基础上最大限度地降低过机含沙量。即入库水沙集中的主汛期 4 月中旬至 7 月中旬水库水位一直保持在 526 m 满负荷发电运行,期间根据入库水沙情况安排 5 d、10 d、15 d 敞泄排沙;一年 1~3 次,每次 5 d。其中放空加回蓄时间为 1 d,净冲沙时间为 4 d。通过水沙数学模型计算,得出 50 年内电站水库库容变化、过机泥沙含量等特征值。

通过以上方案的水库泥沙冲淤计算分析,得出最优水库泥沙调度运行方式,以最大限度发挥电站经济效益。

水库排沙应考虑上下游梯级联合调度,当上游玛尔水电站进行排沙时,阿扎德帕坦水电站也应降低水位进行排沙,以保持电站日调节库容。

3. 水库淤积库容曲线与淤积剖面成果

1)阿扎德帕坦水库在汛期排沙限制水位 522 m 运行

电站水库在主汛期 4 月 16 日至 7 月 15 日库水位分别保持在汛期排沙限制水位 522 m 运行。水库泥沙淤积库容见表 4-55,主汛期水位水库泥沙淤积纵剖面见图 4-50。

从电站水库淤积纵剖面以及横断面等计算过程可以看出,水库泥沙淤积呈三角洲淤积形态,水库运行 10 年左右,三角洲顶点发展到距坝约 4 400 m 处,顶点深泓高程约为 503 m,顶坡比降约 0.64‰,水库运行前 10 年泥沙淤积大部分集中于 510 m 高程以下,水库调节库容减少至 1 640 万 m³。水库运行 20 年左右,三角洲顶点发展到距坝约 3 800 m 处,顶点深泓高程约为 505 m,顶坡比降约 0.6‰,水库运行前 20 年泥沙淤积大部分集中于 512 m 高程以下。水库运行 50 年左右,三角洲顶点发展到距坝约 500 m 处,即锥体淤积形态,顶坡比降约 0.6‰,泄洪排沙底孔前形成电站“排沙漏斗”,可保持进水口“门前清”。据中外已建众多电站“排沙漏斗”,一般纵向坡度 1:7~1:12,横向坡度一般为 1:3~1:5,因阿扎德帕坦电站底孔排沙概率较大,纵向坡度应接近 1:10,横向坡度为 1:4~1:5。

表 4-55　阿扎德帕坦水电站水库泥沙淤积库容

水位/m	库容/万 m³			
	原始	10 年	20 年	50 年
460	0.002	0	0	0
470	0.015	0	0	0
500	0.302	0.145	0.042	0
502	0.341	0.163	0.048	0.001
504	0.384	0.183	0.056	0.001
506	0.43	0.205	0.063	0.002
508	0.479	0.23	0.073	0.004
510	0.532	0.259	0.085	0.007
512	0.588	0.292	0.102	0.014
514	0.648	0.33	0.124	0.026

续表 4-55

水位/m	库容/万 m³			
	原始	10 年	20 年	50 年
516	0.713	0.372	0.153	0.045
518	0.783	0.418	0.185	0.069
520	0.857	0.438	0.223	0.105
522	0.944	0.457	0.269	0.178
524	1.025	0.605	0.343	0.218
526	1.119	0.617	0.42	0.323

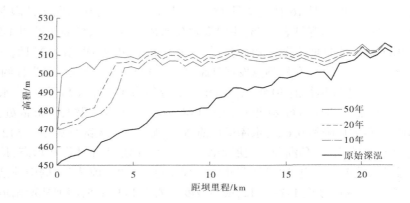

图 4-50　主汛期降水位水库泥沙淤积纵剖面

2)阿扎德帕坦水库主汛期大洪水期间敞泄排沙运行

通过主汛期大洪水期间敞泄排沙的泥沙调度运行方式,将上一年以及本年度淤积在水库内的绝大部分泥沙冲刷至坝下,使电站水库长期保持冲淤平衡,在此基础上可最大限度地降低过机含沙量。即入库水沙集中的主汛期 4 月中旬至 7 月中旬水库水位一直保持在 526 m 满负荷发电运行,期间根据入库流量 2 000 m³/s 以上情况安排 10 d 敞泄排沙,多年平均 2 次,每次 5 d,如遇丰水丰沙年份,可安排 3 次,遇枯水年份可安排 1 次。水库泥沙淤积库容见表 4-56,水库泥沙淤积纵剖面见图 4-51。

从电站水库淤积纵剖面计算可以看出,水库泥沙淤积基本上呈带状淤积形态,在水位 506 m,底孔泄流能力达 2 000 m³/s,水库运行 10 年左右即达到泥沙冲淤平衡状态,坝前水位在 473 m 以下库容被泥沙堆积,主要淤积部位基本在距坝 17 km 范围以内,以上库区由于常年冲刷,且库区尾部河床较窄,泥沙淤积较少。

由于水库每年在主汛期大洪水期间以敞泄排沙为主,且高水位发电时如遇弃水优先通过底孔,泄洪排沙底孔前不会有大量泥沙淤积。因阿扎德帕坦电站底孔较低,排沙概率较大,泄洪排沙底孔前形成"排沙漏斗",其纵向坡度为 1:10,横向坡度为 1:4~1:5,电站进水口在泄洪排沙底孔排沙漏斗范围之内,可保证进水口"门前清"。

表 4-56　阿扎德帕坦电站敞泄排沙水库泥沙淤积库容

水位/m	库容/万 m³	
	原始	50 年
460	0.002	0
470	0.015	0
480	0.06	0.003
490	0.149	0.016
500	0.302	0.1
510	0.532	0.259
520	0.857	0.426
522	0.944	0.517
524	1.025	0.604
526	1.119	0.67
528	1.2	0.751
530	1.293	0.844
532	1.396	0.947
534	1.504	1.055
536	1.616	1.167
538	1.732	1.283
540	1.851	1.402

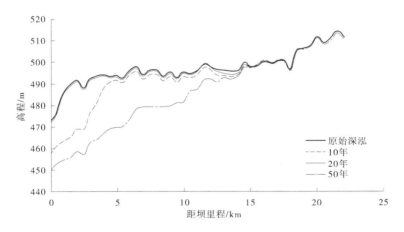

图 4-51　敞泄排沙水库泥沙淤积纵剖面

4. 过机含沙量分析

1) 阿扎德帕坦水库在汛期排沙限制水位 522 m 运行

阿扎德帕坦电站排沙底孔底高程 473 m,电站进水口底高程 506 m,电站进水口引表层较清水流。在主汛期 4 月中旬至 7 月中旬,入库日均流量基本上大于电站引水流量,此时排沙底孔以及电站进水口均过流分层取水,排沙底孔取含沙量较大的底层水流排出库外,电站进水口引含沙量较小的表层水流发电。当入库流量为 2 000 m³/s 左右时,水流运行到坝前时含沙量沿垂线梯度变化曲线见图 4-52。

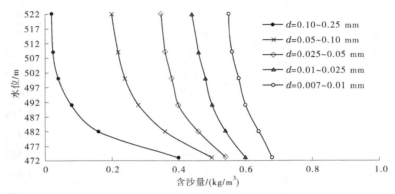

图 4-52　坝前时含沙量沿垂线梯度变化曲线(方案 2)

阿扎德帕坦电站水库库容相对于入库沙量来讲较小,水库运行 10 年左右即达泥沙冲淤平衡状态。取水库运行 20～50 年的已达到泥沙冲淤平衡状态期间从入库–发电引水口–出库的水流含沙量以及颗粒级配进行统计,得出各流量级入库水沙、过机含沙量及各粒径级含沙量统计成果(见表 4-57)。

表 4-57　水库各个流量级入库水沙、过机含沙量统计成果(方案 2)

流量	入库	m³/s	2 500	2 000	1 500	1 200	800	400	200
含沙量	入库	kg/m³	2.88	2.27	1.56	1.09	0.42	0.10	0.03
	总出库	kg/m³	3.17	2.38	1.58	0.68	0.21	0.03	0.01
	底孔	kg/m³	4.30	3.20	2.10				
	过机	kg/m³	2.06	1.90	1.45	0.68	0.21	0.03	0.01
过机各粒径级含沙量	<0.005 mm		0.761	0.749	0.575	0.373	0.085		
	0.005～0.01 mm		0.449	0.423	0.300	0.141	0.037		
	0.01～0.025 mm		0.497	0.440	0.340	0.211	0.055		
	0.025～0.05 mm		0.227	0.185	0.160	0.109	0.026		
	0.05～0.1 mm		0.079	0.065	0.055	0.035	0.006		
	0.1～0.25 mm		0.029	0.023	0.012	0.006	0.001		
	0.25～0.4 mm		0.024	0.011	0.006	0.003	0		
	0.4～0.5 mm		0.005	0.004	0.002	0.001	0		
过机泥沙 D_{50}		mm	0.012	0.009	0.007	0.007	0.007		

由表 4-57 可见,当入库流量小于 1 260 m³/s 时,水流全部用于发电,入库含沙量基本上小于或等于 1.0 kg/m³,经水库库区沉淀,过机含沙量均在 0.70 kg/m³ 以下;当入库流

量大于 1 500 m³/s 时,超过发电流量的径流经排沙底孔下泄,由于底层水流含沙量较引水口水流含沙量为大,且下泄泥沙的颗粒也较粗,因此过机水流含沙量相对就小,如入库流量为 2 000 m³/s 时,入库水流含沙量为 2.27 kg/m³,总出库水流含沙量为 2.38 kg/m³,有 740 m³/s 水流经排沙底孔下泄,其含沙量可达 3.2 kg/m³,远大于引水口水流含沙量 1.9 kg/m³,此时进入发电引水口的水流泥沙大于 0.1 mm 的较粗粒径含沙量均小于 40 g/m³。

　　水库运行达到泥沙冲淤平衡状态后,多年平均过机含沙量为 0.76 kg/m³,6 月多年平均过机含沙量最大(为 1.40 kg/m³),5 月略小于 6 月,11 月至翌年 1 月最小,为 0.01 kg/m³。水库入库、过机含沙量年内分配见表 4-58。

　　有无玛尔电站情况下,阿扎德帕坦水库入库沙量年内分配见图 4-53。

　　极端情况如遇上游山区发生较大突发性降雨,入库流量在 3 500 m³/s 以上,入库水流含沙量最高可能会达到 10.0 kg/m³,水流运行到坝前时过机含沙量为 3.5 kg/m³ 左右,电站可停机并最大限度地降低库水位排沙,不仅可将此期间水流挟带的泥沙排出,而且会将水库此前淤积的部分泥沙冲至坝下,水库也能恢复一定数量的调节库容。

表 4-58　水库水量、输沙量、含沙量年内分配

月份	流量/ (m³/s)	径流量/ 亿 m³	径流量比例/ %	输沙量/ 万 t	输沙量比例/ %	入库含沙量/ (kg/m³)	过机含沙量/ (kg/m³)
1	217	5.82	2.3	1.14	0.03	0.020	0.01
2	336	8.19	3.2	4.15	0.13	0.051	0.02
3	708	18.98	7.4	34.24	1.05	0.180	0.10
4	1 251	32.42	12.6	429.55	13.13	1.325	0.80
5	1 686	45.16	17.5	919.29	28.11	2.036	1.36
6	1 718	44.54	17.3	929.66	28.43	2.087	1.40
7	1 408	37.70	14.6	646.41	19.77	1.714	1.12
8	999	26.75	10.4	203.99	6.24	0.763	0.38
9	637	16.52	6.4	89.85	2.75	0.544	0.25
10	342	9.17	3.6	5.81	0.18	0.063	0.05
11	250	6.47	2.5	3.63	0.11	0.056	0.01
12	219	5.87	2.3	2.18	0.07	0.037	0.01
平均	814	257.59	100.0	3 270.42	100.0	1.270	0.76

2)水库主汛期大洪水期间敞泄排沙运行

　　电站水库以主汛期大洪水期间敞泄排沙为主,可将上一年以及本年度淤积在水库内的绝大部分泥沙冲刷至坝下,使电站水库长期保持冲淤平衡,在此基础上可最大限度地降低过机含沙量。

　　从电站水库淤积纵剖面计算可以看出,水库泥沙淤积基本上呈椎体淤积形态,在水位 506 m,底孔泄流能力达 2 000 m³/s,水库运行 20 年左右即达到泥沙冲淤平衡状态,坝前

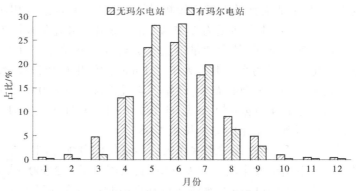

图 4-53　电站年内各月入库输沙量占比

水位在 472 m 以下库容被泥沙堆积,主要淤积部位基本在距坝 17 km 范围以内,以上库区由于常年冲刷,且库区尾部河床较窄,泥沙淤积较少。

　　水库库区相当于天然沉沙池,泥沙冲淤计算成果显示,一般一年之内入库泥沙约 2 150 万 m³,淤积在库区中后部位的泥沙量约占 2/3,通过电站进水口以及枢纽底孔排出的泥沙约占 1/3;多年平均过机含沙量约 0.35 kg/m³,其中 6 月过机含沙量最大(0.80 kg/m³),5 月的略小于 6 月的;水库各流量级入库水沙、过机含沙量统计成果(方案 6)见表 4-59,水库水量、输沙量、含沙量年内分配见表 4-60。

表 4-59　水库各流量级入库水沙、过机含沙量统计成果(方案 6)

流量	入库	m³/s	2 500	2 000	1 500	1 200	800	400	200
含沙量	入库	kg/m³	2.88	2.27	1.56	1.09	0.42	0.10	0.03
	总出库	kg/m³	1.17	1.00	0.56	0.38	0.20	0.03	0.01
	底孔	kg/m³	1.20	1.03	0.60	0.44	0.29		
	过机	kg/m³	1.06	0.90	0.45	0.26	0.12	0.02	0.01
过机各粒径级含沙量	<0.005 mm		0.391	0.355	0.178	0.110	0.049		
	0.005~0.01 mm		0.231	0.201	0.093	0.042	0.021		
	0.01~0.025 mm		0.255	0.208	0.106	0.062	0.031		
	0.025~0.05 mm		0.117	0.087	0.050	0.032	0.015		
	0.05~0.1 mm		0.041	0.031	0.017	0.010	0.004		
	0.1~0.25 mm		0.015	0.011	0.004	0.002	0		
	0.25~0.4 mm		0.007	0.005	0.002	0.001	0		
	0.4~0.5 mm		0.002	0.002	0.001	0	0		
过机泥沙 D_{50}		mm	0.009	0.008	0.007	0.007	0.007		

表 4-60　水库水量、输沙量、含沙量年内分配(方案 6)

月份	流量/ (m³/s)	径流量/ 亿 m³	径流量比例/ %	输沙量/ 万 t	输沙量比例/ %	入库含沙量/ (kg/m³)	过机含沙量/ (kg/m³)
1	217	5.82	2.3	1.14	0.03	0.020	0.01
2	336	8.19	3.2	4.15	0.13	0.051	0.01
3	708	18.98	7.4	34.24	1.05	0.180	0.08
4	1 251	32.42	12.6	429.55	13.13	1.325	0.20
5	1 686	45.16	17.5	919.29	28.11	2.036	0.65
6	1 718	44.54	17.3	929.66	28.43	2.087	0.80
7	1 408	37.70	14.6	646.41	19.77	1.714	0.50
8	999	26.75	10.4	203.99	6.24	0.763	0.18
9	637	16.52	6.4	89.85	2.75	0.544	0.14
10	342	9.17	3.6	5.81	0.18	0.063	0.01
11	250	6.47	2.5	3.63	0.11	0.056	0.01
12	219	5.87	2.3	2.18	0.07	0.037	0.01
平均	814	257.59	100.0	3 270.42	100.0	1.270	0.35

5. 水库回水

主汛期降水位至 522 m 运行,库尾泥沙淤积厚度在 1 m 以内,主汛期敞泄排沙运行时,库区 510 m 以上基本无泥沙淤积,因此阿扎德帕坦电站水库回水几乎不抬高玛尔电站尾水位。

4.4.2.3　卡洛特电站水库泥沙计算分析成果

1. 卡洛特水电站枢纽布置

卡洛特水电站可研推荐枢纽布置主要建筑物由主河床沥青混凝土心墙堆石坝、泄洪排沙建筑物、引水发电建筑物等组成。沥青混凝土心墙堆石坝布置在河湾湾头,溢洪道斜穿河湾地块山脊布置,出口在最下游,控制段布置泄洪表孔和泄洪排沙孔;电站进水口布置在溢洪道引水渠左侧靠近控制段,厂房布置在卡洛特大桥上游;导流洞布置在电站与大坝之间。

1) 引水发电建筑物布置

引水发电建筑物布置在吉拉姆河右岸河湾地块内,采用引水式地面厂房,进水口位于溢洪道进水渠左侧岸坡,主厂房位于卡洛特大桥上游约 130 m,主要建筑物包括进水口、引水隧洞、地面厂房、升压站及尾水渠等。

进水口布置在溢洪道控制段前沿左侧岸坡,由引水渠、进水塔、交通桥等建筑物组成。引水渠宽 108 m,长 12~23 m,底板高程 430.5 m,前缘设拦沙坎,坎顶高程 440.0 m;进水塔采用岸塔式,总长度 108 m,宽度 20.9 m,建基面高程 428.5 m,流道底板高程 431.5 m,塔顶高程 469.5 m,塔高 41 m。引水隧洞采用一机一洞引水,洞径 7.9~9.5 m。引水隧洞进口中心高程为 436.25 m,出口中心高程为 382.5 m。

主厂房布置在卡洛特大桥上游约 130 m 处,总尺寸为 170.4 m×27 m×60.5 m(长×宽×高)。主厂房设有上下游副厂房,主厂房建基面高程为 358.5 m,机组安装高程为 382.5 m,尾水平台高程 419.0 m。

2)泄洪排沙建筑物

卡洛特水电站泄洪排沙建筑物为岸边式溢洪道,由引水渠、控制段、泄槽、挑流鼻坎和下游消能区组成。泄洪排沙设施由布置于溢洪道控制段的 6 个表孔和 2 个泄洪排沙孔组成,其中表孔堰顶高程 439.0 m、孔口尺寸为 14 m×22 m(宽×高),泄洪排沙孔进口底板高程 423.0 m、出口尺寸为 9 m×10 m。为保证电站进水口"门前清",将其布置于溢洪道引水渠左侧靠近泄洪排沙孔处,并在电站进水口前布置顶高程为 440.0 m 的拦沙坎。

3)电站进水口防沙设计

为保证电站最低引水高程高于水库冲淤平衡高程,并在各运行条件下减少粗颗粒泥沙进入引水流道,进水口直接布置在溢洪道控制段前沿,利用其泄洪排沙孔排沙,避免进水口单独设置排沙设置,同时在进水口引渠前沿设拦(导)沙坎,增强泄洪排沙孔的排沙效果。拦沙坎坎顶流速按在非常运行工况(451.00 m 高程水位)下 1 m/s 控制,为 440.00 m,为电站最低引水高程,比泄洪排沙进口底板高 17 m,按照水工模型试验成果及参考相关的泥沙设计经验,电站进水口引渠均在泄洪排沙孔排沙漏斗之内,可保证进水口"门前清"。

根据坝址河段泥沙粒径分析成果,小于 0.25 mm 粒径的泥沙占悬移质百分比约为 92%,电站进水口引渠前布置拦沙坎,电站最低引水高程为 440.00 m,取渠内表层水引水发电,可明显减少粗颗粒泥沙过机。卡洛特水电站泄流能力见表4-61。

表 4-61　卡洛特水电站泄流能力

水位/m	表孔泄量(6孔)/(m³/s)	泄洪排沙孔泄量(2孔)/(m³/s)	溢洪道合计泄量/(m³/s)
423		0	0
424		25	25
439	0	1 734	1 734
440	102	1 890	1 992
445	1 914	2 479	4 393
450	5 333	2 954	8 287
460	15 240	3 725	18 966
461	16 416	3 794	20 210

2. 水库排沙调度运行方式

卡洛特水电站来沙时间主要集中在汛期 4—8 月,综合上述研究成果,初步拟定水库排沙调度运行方式如下:

（1）当入库流量大于 1 400 m^3/s 但小于 2 100 m^3/s 时,利用水库 461~456 m 的调节库容,集中时间加大泄量排沙。

（2）当入库流量大于 2 100 m^3/s 时,水库降水位排沙,每天的水位降幅初步按不超过 5 m 控制,直至排沙运行水位 446 m,当水库水位降至 451 m 以下,电站停机。

（3）当入库流量小于 2 100 m^3/s 时,水库开始充蓄,蓄水期间控制库水位上涨率不超过 10 m/d,当库水位高于 451 m,且发电水头满足机组安全运行要求时,电站开机运行,当库水位达到 456 m 时,可视水库来水情况,利用 456 m 以上的调节库容,集中时间加大泄量排沙。

3. 水库泥沙冲淤计算成果

1) 库区泥沙淤积量

由于卡洛特水电站库沙比较小,泥沙问题较严重。建库后,坝前正常蓄水位较天然情况约抬高 70 m,改变了天然条件下的水流特性,降低了河道输沙能力,引起泥沙大量落淤,库区泥沙淤积发展迅速。库区泥沙淤积量统计见表 4-62。

表 4-62　卡洛特水电站泥沙淤积量统计

运行年数/年	淤积量/亿 m^3			排沙比/%
	悬移质	推移质	累计淤积量	
10	0.88	0.16	1.04	64.40
20	0.98	0.27	1.26	95.80
30	0.91	0.39	1.30	103.20
40	0.84	0.50	1.34	103.40
50	0.77	0.60	1.37	104.10

由表 4-62 可以看出:水库运行 10 年末库区泥沙淤积总量为 1.04 亿 m^3;水库运行 20 年末库区泥沙淤积总量为 1.26 亿 m^3;水库运行 30 年末库区泥沙淤积总量为 1.30 亿 m^3;水库运行 50 年末库区泥沙淤积总量为 1.37 亿 m^3。

2) 泥沙淤积分布

水库分段淤积量见表 4-63,推荐方案纵剖面变化见图 4-54。

表 4-63　水库分段淤积量　　　　　　　　　　　单位:亿 m^3

起止断面		坝址—K10	K10—K16	K16—K31	K31—K47
距坝里程/km		0~5.57	5.57~9.59	9.59~20.10	20.10~29.32
运行年数/年	10	0.42	0.25	0.34	0.04
	20	0.55	0.28	0.36	0.06
	30	0.57	0.29	0.37	0.07
	40	0.58	0.30	0.38	0.08
	50	0.59	0.31	0.38	0.09

由表 4-63 和图 4-54 可知:库区泥沙淤积呈三角洲淤积形态,泥沙淤积发展速度较快。水库运行 10 年末坝址至 K10 断面间淤积 0.42 亿 m^3,K10~K16 断面间淤积 0.25 亿 m^3,K16~K31 断面间淤积 0.34 亿 m^3,K31~K47 断面间淤积 0.04 亿 m^3。水库运行 10~20 年间,泥沙淤积继续向坝前发展,主要淤积部位在坝前至 K10 断面间,K10 断面以上河段淤积发展速度较慢,坝址至 K10 断面间淤积 0.55 亿 m^3,K10~K16 断面间淤积 0.28 亿 m^3,K16~K31 断面间淤积 0.36 亿 m^3,K31~K47 断面间淤积 0.06 亿 m^3。水库运用 20 年已达淤积相对平衡阶段,后期泥沙淤积发展较小,30 年末坝址至 K10 断面间淤积 0.57 亿 m^3,K10~K16 断面间淤积 0.29 亿 m^3,K16~K31 断面间淤积 0.37 亿 m^3,K31~K47 断面间淤积 0.07 亿 m^3。

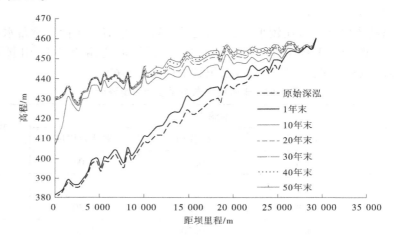

图 4-54　推荐方案纵剖面变化

3) 库容损失及坝前泥沙淤积高程

水库蓄水运用后,库区泥沙淤积必将会引起水库库容的损失。由于卡洛特水电站泥沙淤积较为严重,淤积三角洲运动至坝前时间较短,库容损失速度较快。水电站库容损失及坝前淤积高程见表 4-64。

表 4-64　水电站库容损失及坝前淤积高程

运行年数/年	深泓高程/m	坝前过水面积剩余百分比/%	库容损失/亿 m^3		
			正常蓄水位下	死水位下	调节库容
10	406.30	54.02	1.05	0.87	0.18
20	429.10	13.67	1.23	0.95	0.28
30	429.24	11.94	1.24	0.95	0.29
40	429.75	11.87	1.25	0.95	0.30
50	430.68	11.62	1.26	0.96	0.30

水库运用 10 年末时,正常蓄水位下库容损失 1.05 亿 m^3,死水位以下库容损失 0.87 亿 m^3,调节库容损失 0.18 亿 m^3;水库运用 20 年末时,正常蓄水位下库容损失 1.23 亿

m³,死水位以下库容损失 0.95 亿 m³,调节库容损失 0.28 亿 m³;水库运用 30 年末时,正常蓄水位下库容损失 1.24 亿 m³,死水位以下库容损失 0.95 亿 m³,调节库容损失 0.29 亿 m³;水库运用 50 年末时,正常蓄水位下库容损失 1.26 亿 m³,死水位以下库容损失 0.96 亿 m³,调节库容损失 0.30 亿 m³。

天然情况下坝前为"V"形断面,初始运行时在 461 m 水位下坝前横断面面积为 16 387 m²。水库运用 20 年内,坝前泥沙呈强烈淤积状态,主要表现为河槽集中淤积、滩地大幅淤积、河宽明显束窄的现象,逐渐过渡为"U"形断面;10 年末,水库坝前深泓高程 406.30 m,坝前断面过水面积减少 45.98%;水库运用 20 年末,水库坝前深泓高程 429.10 m,坝前断面过水面积减少 86.33%;水库运行 20 年后,坝前泥沙淤积变缓,坝前断面变化不大。

4)回水计算

根据上述回水推算标准、断面布设情况、糙率率定及坝前水位和洪水流量等基础资料和设计条件,按照天然河道断面及水库运行 20 年后的河道泥沙淤积地形推算 20 年一遇和 5 年一遇标准洪水的天然水位及建库后淤积回水水位,计算成果见表 4-65。

表 4-65　卡洛特水电站淤积回水计算成果　　　　　　单位:m

断面编号	断面名称	距坝里程	天然河底高程	淤积 20 年后河底高程	P=5%		P=20%	
					天然水位	淤积回水位	天然水位	淤积回水位
K00	4 坝线	0	380.00	429.10	407.53	461.00	401.71	461.00
K01	2 坝线	867	382.80	430.84	409.21	462.38	403.37	461.55
K02		1 483	388.00	435.62	411.93	463.55	405.24	462.06
K03		2 089	385.50	429.54	412.77	464.51	406.15	462.49
K04		2 671	385.30	427.19	415.16	465.23	408.48	462.88
K05		3 090	387.40	432.45	417.48	465.65	410.37	463.11
K06		3 701	391.50	433.62	418.30	466.05	411.38	463.38
K07		4 120	397.30	439.06	419.25	466.30	412.46	463.53
K08	支流汇口	4 728	398.60	439.77	420.12	466.60	413.74	463.73
K09		5 139	393.60	436.61	421.08	466.82	414.73	463.88
K10		5 575	399.10	442.33	421.73	467.02	415.48	464.03
K11		5 979	398.30	439.11	422.17	467.32	416.01	464.17
K12		6 790	402.20	441.32	424.07	467.67	418.00	464.48
K13		7 707	395.30	438.31	425.96	468.20	420.00	464.83
K14		8 196	403.30	443.49	426.62	468.47	420.58	465.03
K15		8 624	399.10	435.74	427.59	468.70	421.48	465.19
K16		9 590	405.30	439.11	432.10	469.26	425.13	465.56
K17		10 009	408.40	446.38	433.81	469.49	426.85	465.70

续表 4-65

断面编号	断面名称	距坝里程	天然河底高程	淤积 20 年后河底高程	$P=5\%$		$P=20\%$	
					天然水位	淤积回水位	天然水位	淤积回水位
K18		10 415	408.00	442.62	434.37	469.68	427.50	465.84
K19		11 426	411.90	445.55	436.75	470.10	430.31	466.15
K20		12 138	412.20	445.25	438.09	470.38	432.10	466.36
K21		12 836	417.30	449.58	439.59	470.68	433.78	466.61
K22		13 440	418.40	448.66	441.68	470.98	435.94	466.82
K23		14 039	417.40	448.41	443.96	471.27	438.31	467.04
K24		14 854	424.50	453.39	445.71	471.66	439.84	467.36
K25		15 467	422.20	450.87	446.97	471.94	441.07	467.63
K26		16 269	423.80	450.45	449.03	472.36	443.00	468.01
K27		17 308	428.40	453.45	451.89	472.93	445.77	468.51
K28		18 280	430.20	453.89	454.18	473.50	448.14	469.03
K29		18 562	428.10	451.14	454.94	473.70	448.87	469.20
K30		19 287	436.70	456.98	457.04	474.25	450.79	469.63
K31		20 098	434.90	452.92	458.93	474.63	453.05	470.07
K32		20 462	436.60	454.28	460.13	474.84	454.37	470.29
K33		21 503	437.80	453.69	463.73	475.61	457.88	470.95
K34		22 111	441.60	455.56	465.78	476.30	459.59	471.42
K35		22 851	441.40	454.64	467.74	476.77	461.44	471.88
K36		23 721	444.70	455.50	471.12	478.18	464.21	472.73
K37		24 041	442.40	454.24	472.00	478.64	465.05	473.03
K38		24 527	448.50	456.83	472.76	478.91	465.99	473.34
K39		25 047	444.30	456.68	473.57	479.38	466.99	473.89
K40	尾水	25 484	448.70	454.54	474.21	479.64	467.74	474.14
K41	阿扎德帕坦坝址	26 143	453.10	458.44	475.90	480.53	469.66	474.96
K42		26 820	454.10	458.02	477.10	481.05	471.04	475.52
K43		27 216	453.20	455.61	478.24	481.46	472.30	475.95
K44		27 563	453.20	455.09	479.74	482.24	473.75	476.61
K45		28 235	456.50	456.90	481.73	482.92	475.79	477.26
K46		28 838	454.90	455.76	483.71	483.96	477.70	478.27
K47		29 329	460.30	460.30	484.91	485.08	478.83	479.08

水库运行 20 年左右时,阿扎德帕坦电站尾水处泥沙淤积厚度为 5.84 m,5 年一遇洪峰流量 4 660 m³/s 水位达 474.14 m,比初期运行水位 469 m 抬高了 5.14 m。额定流量 1 260 m³/s 水位达 464.7 m,比初期运行水位 461.9 m 抬高了 2.8 m。

4.4.3 联合排沙调度必要性

由于吉拉姆河开发规划上下游梯级时水位有重叠,又忽视了水库泥沙淤积引起的回水对上一级电站尾水位的影响,造成发电水头减小,出力受阻。吉拉姆河干流各梯级电站坝址衔接情况见表 4-66 及图 4-55。可见下一梯级正常蓄水位比本级电站坝址处河底高程高出 11.2~15.1 m,科哈拉厂址尾水位与玛尔库尾水位重叠 5.17 m,玛尔厂址尾水位与阿扎德帕坦库尾水位重叠 5.80 m。水位重叠得越多,则预示着电站竣工后厂址断面流速越小,电站间水库长度在 23~25 km,初期运行时水库回水在上一级电站尾水处的水位一般会比正常蓄水位高 0.9 m 左右,水库泥沙冲淤平衡后尾水位又会因为泥沙淤积而抬高约 3 m,从而造成泥沙淤积厚度越大,若干年后下一级水库泥沙淤积引起的回水对上一级电站尾水位的影响将会更严重。其结果将会造成电站全年出力受阻,从而降低梯级电站的发电效益,并且因水头减少 3 m 造成出力损失 3% 而导致容量考核不合格,容量考核不合格直接后果是遭致巴基斯坦的巨额罚款。

玛尔、阿扎德帕坦、卡洛特电站设计时因排沙而停止发电时间为 10~16.8 d,多年平均电量损失较多。科哈拉、玛尔、阿扎德帕坦电站因下一级电站泥沙淤积造成厂址处尾水位抬高又会损失一些电量。

因此,在吉拉姆河干流梯级电站投产前谋划联合排沙调度运行方式,是十分必要的。

表 4-66 吉拉姆河干流各梯级电站坝址衔接情况

项目	坝址河底高程/m	正常运用水位/m	额定流量时/m		
			天然水位	初期运行	重叠
科哈拉尾水	570.6		580.03	585.20	5.17
玛尔坝址	510.92	585	521.20	527.00	5.80
阿扎德帕坦坝址	449.8	526	460.80	461.90	1.10
卡洛特坝址	380.6	461			

2018 年 7 月,中水北方勘测设计研究有限责任公司完成了《巴基斯坦阿扎德帕坦水电站工程可行性研究报告》,报告附件《水库泥沙冲淤分析及水沙调度运用专题报告》对吉拉姆河卡洛特坝址以上天然情况下各梯级电站水沙进行了比较详尽的分析。吉拉姆河支流尼拉姆河的尼拉姆-吉拉姆水电站于 2018 年底竣工,吉拉姆河支流库纳尔河上的帕春水电站于 2019 年竣工。科哈拉、尼拉姆-吉拉姆、帕春等电站运行后有拦沙作用和提高下游梯级电站主汛期入库泥沙集中度的作用。

巴基斯坦吉拉姆河梯级卡洛特以上水电站特性比较见表 4-67。由表 4-67 可知,库纳尔河汇合口以上 3 条河流上均有在建控制性工程,如苏基克纳里、帕春、尼拉姆-吉拉姆和科哈拉水电站,库容均在 1 000 万~2 000 万 m³,拟订的汛期排沙运行方式,可拦截部分推移质

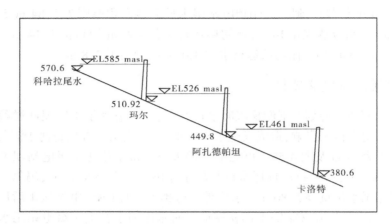

图 4-55　吉拉姆河干流各梯级电站坝址衔接情况

和部分较粗颗粒的悬移质泥沙,旱季大部分泥沙会被拦截在水库中。因此,电站拟订的运行方式改变了吉拉姆河科哈拉厂址以上泥沙年内分配比例。经初步计算,玛尔水库入库泥沙在主汛期天然沙量占全年的 69%,经上游梯级电站调节后入库沙量占全年的 75% 左右。

玛尔水电站建成后,进一步拦截旱季期间坝址以上推移质中较细颗粒泥沙以及悬移质中较粗颗粒泥沙,并使阿扎德帕坦水库入库泥沙的年内集中度进一步增加至 88%,悬移质泥沙 D_{50} 由 0.017 mm 减小为 0.015 mm。

阿扎德帕坦水库建成后,经调节后,卡洛特水电站主汛期入库沙量占全年入库沙量的 95% 左右,悬移质泥沙 D_{50} 约为 0.013 mm。

上游龙头电站建成后,玛尔电站水库多年平均入库沙量减少到 2 855 万 t(合 2 250 万 m^3)。比天然情况下入库沙量 3 766 万 t 减少 21% 左右。因此,梯级电站从上至下输沙量逐级减少,主汛期泥沙集中度逐级增加,这为梯级电站联合排沙调度提供极为有利的条件。

经分析,梯级电站联合排沙拟订 2 种运行方式,即敞泄排沙运行方式和主汛期排沙限制水位运行方式。

表 4-67　巴基斯坦吉拉姆河梯级卡洛特以上水电站特性比较

项目	单位	尼拉姆-吉拉姆	帕春	苏基克纳里	科哈拉	玛尔	阿扎德帕坦	卡洛特
位置		尼拉姆河	库纳尔河	库纳尔河	吉拉姆河	吉拉姆河	吉拉姆河	吉拉姆河
集水面积	km^2	7 240	2 380	1 311	14 600	25 333	26 183	26 700
坝高	m	70		55	69	65	70	65
总装机容量	MW	970	150	873	1 120	640	705	720
机组类型		混流		冲击	混流	轴流	轴流	轴流
装机台数	台	4		4	4	4	4	4
额定水头	m	370		890	295	56	61	70

续表 4-67

项目	单位	尼拉姆–吉拉姆	帕春	苏基克纳里	科哈拉	玛尔	阿扎德帕坦	卡洛特
引用流量	m³/s	280		115	425	1 300	1 200	1 248
正常蓄水位	m			2 233	905	585	526	461
最低发电水位	m			2 223	798	577	522	451
冲沙水位	m			2 223		572		441
水库库容	万 m³	800	1 200	1 037	1 778	13 900	11 190	15 200
日调节库容	万 m³	280	200	100	510	1 600	1 300	1 500
冲淤平衡后日调节库容	万 m³			260	550	1 620	1 500	1 800
年均停发天数	d	5		1	2	16.8	10	16.8
天然输沙量	万 t	2 400	350	42.8	386	3 050	3 625	3 696
多年平均含沙量	kg/m³	1.72		0.18	0.33	1.2	1.24	1.28
汛期含沙量	kg/m³	3		0.25	0.41	1.6	1.76	1.5
中值粒径	mm	0.02	0.026	0.02	0.01	0.017	0.017	0.017
允许过机粒径	mm	<0.4		<0.1	<0.25	<0.25	<0.25	<0.25
进水口底高程	m	1 000.5		2 201	882	557	506	431
底孔底高程	m	974.6		2 198	862	537	473	423

4.4.4　电站水沙调度初步分析

根据吉拉姆河流域水沙特点以及梯级电站由于梯级电站规划指标等因素,拟订梯级电站水沙调度方案如下:

(1)以主汛期降低库水位为主,在长期保持电站日调节库容的基础上最大限度多发电。即入库水沙集中的主汛期4月中旬至7月中旬水库水位降低运行。

（2）以主汛期大洪水期间敞泄排沙为主，在长期保持电站日调节库容的基础上最大限度地降低过机含沙量。即入库水沙集中的主汛期4月中旬至7月中旬水库水位一直保持在正常高水位满负荷发电运行，期间根据入库水沙情况安排1次敞泄排沙；一年1~3次，每次5 d。其中放空加回蓄时间为1 d，净冲沙时间为4 d。通过以上方案的水库泥沙冲淤计算分析，得出最优水库泥沙调度运行方式，以最大限度地发挥电站经济效益。

水库排沙应考虑上下游梯级联合调度，当上游玛尔电站进行排沙时，阿扎德帕坦、卡洛特电站也应降低水位进行排沙，以保持电站日调节库容。

4.4.4.1　主汛期降低库水位运行方式分析

水库入库水沙即入库流量、沙量在年内分配是不均匀的，为水库泥沙调度提供了有利条件，在来水来沙最为集中的主汛期（4月中旬至7月中旬），在天然情况下水量占全年水量的50%，沙量占全年沙量的69%。经上游梯级电站调节后，入库沙量占全年的88%以上。入库水沙在年内分配的不均匀性，为水库泥沙调度提供了有利条件，水沙集中的主汛期水库在汛限水位或死水位发电，使泥沙淤积在水库库区的汛期排沙限制水位或死水位以下部位，继而保持正常蓄水位与汛期排沙限制水位（或死水位）之间的库容，留待在旱季为调峰时使用。中国国内一些电站特性指标统计见表4-68。

表4-68　中国国内一些电站特性指标统计

电站名称	原始库容/亿 m³	多年平均含沙量/（kg/m³）	多年平均输沙量/万 t	装机容量/万 kW	发电水头/m	运用方式
黄河盐锅峡	2.16	3.1	7 600	35.2	50	汛期降低运用水位2~3 m
黄河青铜峡	6.06	4.1	13 400	27.2	32	汛期降低运用水位2~3 m
大渡河龚嘴	3.1	0.63	2 990	76	63	分段运用水位，适时冲沙
岷江映秀湾	径流式	0.55	609	13.5	54	汛期每月敞泄排沙2次，每次4~6 h
黄泥河大寨	径流式	0.5	48	6	180	大洪水期间敞泄排沙运用

4.4.4.2　主汛期大洪水期间敞泄排沙的运行方式分析

由于水库库容较小，为尽量减少淤积，保持一定的有效库容，水库应进行汛期排沙运行。初步考虑通过水库水沙调度运用分析，确定水库冲沙运行分级流量，汛期水库在排沙限制水位运行或水库敞泄排沙运用，即在汛期将库水位降至汛期排沙限制水位排沙运行，如仍不能满足日调节库容和过机含沙量要求，则须当入库流量超过分级调度流量时，水库敞泄排沙，直至水库的有效库容满足电站日调节要求和机组对过机含沙量的要求。

对于山区河流上建设的引水发电枢纽，要防止推移质以及悬移质中的粗粒径泥沙进入进水口，通常需设置沉沙池，但一般水电站没有设置沉沙池的地面场地，沉沙池设置在隧洞内则工程量巨大，投资太高，且沉沙效果并不理想。因此，在少损失发电量的前提下，考虑采用"壅水沉沙，敞泄排沙"运用方式的非工程措施来替代修建沉沙池的工程措施，以防止推移质以及悬移质中的粗粒径泥沙进入进水口,使电站过机多年平均含沙量和多年平均粗粒径含沙量均限定于允许值范围内,达到减少对水轮机及过流部件磨损的目的。

利用水库沉沙,即按入库流量的大小分时、分级调度库水位,当电站处于正常发电期间,在库内坝前一定范围内,使其长度、水深以及流速等因素均符合沉沙池的要求,使得电站过机水流的多年平均含沙量和多年平均粗粒径含沙量均限定于允许值范围内。当入库流量大于分级调度流量时,电站停止发电,开启全部闸门敞泄排沙,将本时段入库泥沙以及前期淤积在调沙库容内的泥沙排出库外。反之,当入库流量大于分级调度流量时,若电站仍然在高水位发电运行,库水位以下库容将急剧减少,进水口前库区一定范围内水流流速大于沉沙池临界流速,此时水库就丧失了沉沙作用,大量泥沙将进入进水口,势必造成对水轮机以及过流部件的磨损,进而影响电站的正常运行。

"壅水沉沙,敞泄排沙"运用方式,即分流量级调度以及相应的库水位控制,当入库流量小于分级调度流量时,水库壅水沉沙,并正常发电;当入库流量超过分级调度流量时,水库敞泄排沙,实现对推移质拦、排结合,立足于排,对悬移质沉冲结合,以满足机组对过机泥沙的要求。具体调度运用方式应根据河流来沙过程、水库调沙库容、电站电量指标、水库泥沙冲淤计算成果等因素综合确定。

敞泄排沙又称放空冲沙、停机冲沙,其运行特点是水库按入库流量分级调度,入库流量较小时,泥沙淤积在预留的调沙库容内,选择入库流量较大之际停止发电并敞开全部泄水建筑物,坝前水位降至最低高程,使水库产生溯源冲刷,期间不仅将本时段入库泥沙排出库外,还可把前期淤积在调沙库容内的泥沙排出库外,达到溯源冲刷的目的。敞泄排沙时,泥沙的冲刷量与冲沙时间、冲沙流量以及水库的水位下降幅度有关,一般来说,冲沙流量大,水库水位下降幅度大,冲沙时间长,冲刷量就多。水库水位下降幅度尤其重要,而冲刷强度随着冲刷时间的增加而减弱。因此,分流量级敞泄排沙调度的关键是如何确定分级流量、冲沙时间、库水位下降幅度,从而达到以水库替代沉沙池的目的,进而使引水口得到符合水轮机要求的含沙水流。

1. 冲沙流量分析

水库建成后,水库库区因为壅水改变了原来的水流条件,水流流速变小,从而降低了水流的挟沙能力,较粗颗粒泥沙开始在水库库尾淤积,较细颗粒泥沙随着水流向坝址运行,或淤积或出库或进入引水口。水流在库区运行的整个过程中,含沙水流、河床组成、河床比降、河槽形态等各方面都在进行动态调整,形成各个因素相互适应的新的输沙平衡状态,进而形成较稳定的适应造床流量下的河槽形态。造床流量是指该流量的造床作用假定同多年流量过程的综合造床作用相等时对应的流量,冲沙流量取造床流量时,敞泄排沙即可达到最佳效果。

造床流量的确定方法有以下几种:①取 2 年一遇左右洪峰流量;②取多年平均洪峰流量。经分析计算,阿扎德帕坦坝址处多年平均日最大流量为 2 994 m^3/s;阿扎德帕坦坝址 2 年一遇洪峰流量约为 2 859 m^3/s,因此造床流量取 2 000~3 000 m^3/s 的某一个数值较为适宜。阿扎德帕坦坝址处历年最大日流量统计见表 4-69。

表 4-69　阿扎德帕坦坝址处历年最大日流量统计

年份	日流量/(m³/s)	年份	日流量/(m³/s)
1965	3 605	1990	2 833
1966	2 913	1991	3 231
1967	2 684	1992	10 699
1968	2 504	1993	3 422
1969	2 499	1994	2 293
1970	1 558	1995	4 370
1971	1 569	1996	4 364
1972	2 611	1997	4 399
1973	2 269	1998	3 672
1974	1 614	1999	1 621
1975	2 564	2000	2 500
1976	6 861	2001	1 245
1977	2 122	2002	1 703
1978	2 625	2003	2 988
1979	2 059	2004	1 785
1980	2 641	2005	2 703
1981	2 789	2006	2 326
1982	2 191	2007	2 256
1983	2 571	2008	2 044
1984	2 210	2009	2 264
1985	2 272	2010	7 535
1986	2 826	2011	2 470
1987	3 301	2012	2 488
1988	3 357	2013	2 450
1989	2 960	2014	4 885
平均	2 994		

从阿扎德帕坦坝址处水沙统计成果可以看出:多年平均入库水沙并不均匀,4—7月水量占全年的62%,而同期沙量则占全年的78.4%,说明沙量的年内不均匀程度更甚于水量。坝址水沙年际变化较大,最大年径流量为372.8亿 m³,发生在1996年,最小年径流量为118.8亿 m³,发生在2001年,最大值与最小值之比为3.14;而最大年输沙量为8 000万 t,发生在1992年,最小年输沙量为588万 t,发生在2001年,最大值与最小值之

比为 13.6,输沙量的年际变化的程度远大于径流量。

从日流量统计结果来看:50 年系列中日流量大于 2 000 m³/s 共发生 1 141 d,年均出现 22.8 d,约占全年时间的 6.3%,沙量却占年均的 33.67%,因此大水时期挟带更大比例沙量的特性为阿扎德帕坦电站水库合理的水沙调度创造了有利条件。坝址径流较大月份主要集中于 4—7 月,且月平均流量皆大于 1 250 m³/s,日均流量较大的时间也多发于 4—7 月,如日均流量大于 2 000 m³/s 的时间在 4—7 月有 1 076 d,4—7 月之外的天数仅 65 d。

2. 冲沙时间分析

冲沙时间的长短,直接关系到冲刷量的多少和冲刷后调节库容及过机水流含沙量大小是否满足发电要求,应根据入库水流含沙量、库容大小、水轮机对水流过机泥沙含沙量的要求以及经济比较等因素综合确定。冲沙时间愈长,冲刷量就越多,恢复的调节库容就越大,下一个发电时期过机泥沙含沙量就越小,水轮机磨蚀程度就越小,但停机时间也就越长,电量损失就越大。

四川南桠河姚河坝水电站 2004 年 6 月、8 月进行 2 次敞泄冲沙,每次各 6 h,冲刷流量为 120 m³/s,经库区测验,冲刷量达 7.5 万 m³,出库平均含沙量较入库增加 20.3 kg/m³,效果十分显著。

根据我国国内众多敞泄排沙水库经验,溯源冲刷最佳的黄金时间是 6~8 h,冲刷时间超过 24 h 后其效果并不明显。目前,我国国内大约在每日 23 时至次日 7 时,有 6~8 h 的负荷低谷期,该汛期时段电价仅为正常的 1/2 左右,电站可利用该时段敞泄排沙,损失电量会更小。如 23 时~24 时水库泄空,0 时~5 时敞泄冲沙,5 时~8 时又开始蓄水,8 时以后发电,可达到既保持一定调沙库容,又尽可能减少发电损失的目的。四川映秀湾电站(装机 13.5 万 kW),汛期每月敞泄排沙 2~3 次,每次 4~6 h,即可达到保持调沙库容的目的。

3. 水库水位下降幅度分析

水库水位下降是水库产生溯源冲刷的必要条件,当断面水深减小,流速增大,挟沙能力相应增大到一定程度时,才可能溯源冲刷,库水位下降得越低,溯源冲刷强度越大,向上游发展的速度越快,冲刷末端发展得也越远。

溯源冲刷的物理过程,水库运行前期三角洲顶点在库区中部位置时可概化为图 4-56 所示,图中 abcd 线为前期淤积形成的纵剖面,当库水位从 Z_0 降落至 Z_1 以后,在三角洲顶点 b 处形成很陡的水面比降,水深减小,流速最大,此处河床首先发生冲刷。当三角洲前坡冲刷到 b_1c_1 位置时,水位落差又主要集中到 b_1 附近,此处流速最大,冲刷最为剧烈。但原来集中于较短的 bc_1 段的落差现已分散到较长的 b_1c_1 段,水面比降有所减缓,冲刷强度也有所减弱。随着冲刷向上游发展,冲刷河段越长,落差集中程度越分散,冲刷强度也就越弱,冲刷向上游发展的速度也就越慢。最后冲刷河段纵剖面和当时的水沙条件相适应,溯源冲刷过程即告结束。

水库运行的中后期,三角洲顶点发展到坝前附近,则溯源冲刷起冲点从坝前开始并逐渐向上游发展,随着冲刷向上游发展,冲刷强度逐渐减弱,最后趋于停止,如图 4-57 所示。

阿扎德帕坦水库坝址处河底高程约为 450 m,排沙底孔底高程 473 m,要求水位在

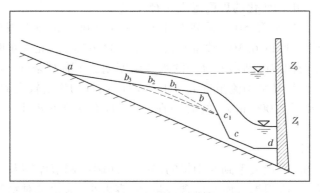

图 4-56　溯源冲刷的物理过程示意图之一

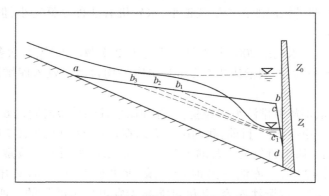

图 4-57　溯源冲刷的物理过程示意图之二

490 m 左右时排沙底孔泄流能力 2 000 m³/s(要求底孔 5 个),而 490 m 以下水库原始库容为 1 480 万 m³,仅占正常蓄水位 526 m 以下原始库容 11 190 万 m³ 的 13%,如果敞泄排沙水位下降至 490 m,下降幅度 36 m,占水位抬高(470~526 m)值的 64%,拉沙效果将十分显著。

4. 引水含沙量分析

水流含沙量沿垂线有梯度变化,近河底最大,表层最小,水流含沙量沿垂线分布见图 4-58(由水文站实测资料整理绘制)。由图 4-58 可见,颗粒粗的泥沙梯度大,颗粒细的泥沙梯度小,在相对水深约 2/5 以下含沙量沿水深梯度大,1/2 以上含沙量沿水深梯度小,因此在电站泄水建筑物布置方面,泄流底孔越低出库含沙量越大,相应的电站引水口含沙量就越小。

阿扎德帕坦水电站排沙底孔底高程 473 m,电站进水口底高程 506 m,以引取表层含沙量更低的清水,在 4 月中旬至 7 月中旬,绝大多数时间入库流量大于电站引水流量,此时(非敞泄期间)排沙底孔以及电站进水口均分层取水,排沙底孔取含沙量较大的底层水流排出库外,电站进水口引含沙量较小的表层水流发电。

如四川南桠河 3 级水电站,其进水口前沿宽 10 m,汛期排沙水位运行时进水口内水深 4.5 m,进水口外冲刷槽水深 8.9 m,据汛期进水口内外实测含沙量统计,进水口内相对

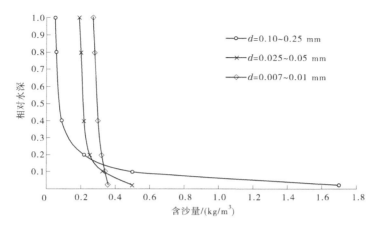

图 4-58　水流含沙量沿垂线分布

进水口外冲沙槽含沙量小 13.2%~49.8%,冲沙槽内泥沙颗粒中值粒径 0.097 mm,进水口内则为 0.045 mm,粒径大于 0.25 mm 的粗沙冲沙槽内占 27%,进水口内仅占 9%,减沙效果十分明显。

又如黄河刘家峡电站排沙洞未投入运用前,泄流排沙主要由溢洪道和泄水道承担,溢洪道高程比电站进水口高 35 m,泄水道高程比电站进水口低 15 m,根据 1971—1973 年实际运用观测,当只开溢洪道闸门时,过机含沙量较出库含沙量平均大 2.6 倍,而只开泄水道闸门时,过机含沙量仅占出库含沙量的 20%~50%,可见水流含沙量沿水深有梯度变化,分层取水时上层水流含沙量较小,泥沙颗粒也较细。

4.4.5　梯级电站联合排沙调度研究

4.4.5.1　计算方法

梯级水库以武汉水利电力大学的 SUSBED-Ⅱ准二维恒定非均匀流全沙数学模型进行分析计算,该数学模型得到了广泛的应用。我国黄河大柳树、沙坡头、海勃湾、万家寨、龙口、三盛公、黑河正义峡等 50 余个水利水电工程以及巴基斯坦、刚果、喀麦隆、玻利维亚等 20 余个国外水电工程的规划设计中应用此数学模型,均取得比较满意的成果。

准二维恒定非均匀流全沙数学模型以逐日(日调节时计算时段可缩短至 1 h)水沙资料及库区纵横断面资料为输入基本条件,计算水库各种方案条件下不同运用年限的库区泥沙淤积量、纵横断面淤积形态、深泓高程的变化情况等;水库近坝段采用准三维模拟,计算各种方案条件下不同运行年限的水库坝区泥沙淤积形态、排沙洞与电站进水口附近淤积形态,以及排沙洞与电站进水口的水流含沙量、颗粒级配等,为制定合理的水库排沙调度运行方式和水工建筑物布置提供技术参考,并提出可能的枢纽布置优化方案建议。

1. 基本方程

水流连续方程:　　　　　　　　　　$\dfrac{\partial Q}{\partial x} = 0$

因沿程流量不变,各断面流速为:　　$V_i = \dfrac{Q}{A_i}$

式中：Q 为流量；V_i 为第 i 断面流速；A_i 为第 i 断面过水面积，各断面过水面积随泥沙淤积而变化。

泥沙连续方程：

$$\gamma'\frac{\partial A_s}{\partial t}+\frac{\partial(QS)}{\partial x}+\frac{\partial G}{\partial x}=0$$

悬移质不平衡输沙计算模式：

$$\frac{\partial(QS_k)}{\partial x}=-\alpha\omega_k B(S_k-S_{*k})$$

推移质不平衡输沙计算模式：

$$\frac{\partial(G_k)}{\partial x}=-K_k(G_k-G_{*k})$$

床沙组成方程：$\gamma'\dfrac{\partial(E_m P_k)}{\partial t}+\dfrac{\partial(QS_k)}{\partial x}+\varepsilon_1\left[\varepsilon_2 P_{0k}+(1-\varepsilon_2)P_k\right]\left(\dfrac{\partial Z_s}{\partial t}-\dfrac{\partial E_m}{\partial t}\right)=0$

式中：A_s 为断面淤积变形面积；γ' 为泥沙容重；S_k 和 S_{*k} 分别为悬移质分组含沙量和分组水流挟沙力；ω_k 为分组泥沙的沉速；P_k 为混合层床沙组成；P_{0k} 为原始床面泥沙级配；E_m 为混合层厚度；ε_1 和 ε_2 为标记，纯淤积计算时 $\varepsilon_1=0$，否则 $\varepsilon_1=1$，当混合层下边界波及原始床面时 $\varepsilon_2=1$，否则 $\varepsilon_2=0$；k 为非均匀沙分组序数，且满足 $S=\sum\limits_k S_k$，$S_*=\sum\limits_k S_{*k}$。

2. 辅助计算公式

阻力计算公式：$J_f=\dfrac{Q^2 n^2}{R^{3/4}A^2}$

分组水流挟沙力采用张瑞瑾公式计算：$S_{*k}=K\left(\dfrac{U^3}{gR\omega_k}\right)^m$；

式中：K、m 分别为待定的系数和指数；R 为水力半径；U 为断面平均流速。混合层厚度 $E_m=C_d h$，系数 C_d 一般取 $0.1\sim0.2$。

梅叶-彼德公式为：

$$g_{*k}=\frac{\left[\left(\dfrac{n'}{n}\right)^{2/3}rhJ_f-0.047(r_s-r)d_k\right]^{3/2}}{0.125\left(\dfrac{r_s-r}{r}\right)\left(\dfrac{r}{g}\right)^{2/3}}$$

3. 水流含沙量沿垂线分布规律

水流含沙量沿垂线有梯度变化，近河底最大，表层最小，水流含沙量沿垂线分布见图 4-58（由水文站实测资料整理绘制），天然河流中颗粒粗的泥沙梯度大，颗粒细的泥沙梯度小，在相对水深约 2/5 以下含沙量沿水深梯度大，1/2 以上含沙量沿水深梯度小，因此在电站泄水建筑物布置方面，泄流底孔越低出库含沙量越大，相对应的电站引水口含沙量就越小。

4.4.5.2　计算参数与边界条件

1. 计算参数

准二维恒定非均匀流全沙数学模型中的参数 k、m，用库区以上天然河道冲淤计算进行率定。水沙条件取坝址处的设计水沙 1965—2014 年系列，边界条件取中水北方公司航测院于 2017 年 11 月实测的库区纵横大断面成果，河道糙率以测时水位为基础同时考虑边壁组成情况，以此段河道在多年不冲不淤为目标，率定的 $k=0.10$，$m=1.0$。阿扎德帕坦水库库区河道泥沙冲淤验证计算纵剖面见图 4-59。

根据测量的每个断面常遇洪水水位、测时水位、大断面资料等数据率定糙率,库区河段初始综合糙率取 0.05,泥沙淤积后糙率则根据相应断面淤积范围以及泥沙颗粒级配确定,坝区处断面糙率最小,为 0.026,库尾淤积末端为 0.045。

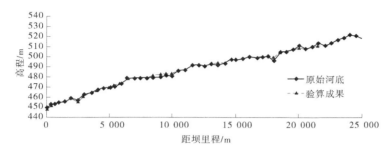

图 4-59　阿扎德帕坦水库库区河道泥沙冲淤验证计算纵剖面

2. 边界条件

1)地形条件

坝址以上河道为典型的峡谷型,天然河道比降约为 2.8‰,库长约为 21.77 km。

为了进行库区泥沙研究及满足其他专业需要,对 3 个水库库区进行了纵横大断面测量,水库冲淤分析计算采用的库区断面为 114 个。

2)水沙条件

(1)系列选取原则。

根据《水电水利工程泥沙设计规范》(DL/T 5089—1999),水库冲淤计算的泥沙系列可根据计算要求和资料条件,采用长系列、代表系列或代表年。结合阿扎德帕坦水电站水文资料情况,本书水库冲淤计算的泥沙系列采用代表系列。

按照规范的有关要求,阿扎德帕坦水电站水库冲淤计算泥沙典型系列选择拟定如下原则:①典型系列的年均水、沙平均值应与长系列的多年平均值接近;②典型系列应包括大水大沙、中水中沙、小水小沙等各种不同的来水来沙情况;③代表系列应具有较好的连续性。

(2)系列选择。

根据 1965—2014 年泥沙资料,阿扎德帕坦水库坝址以上流域年均悬移质输沙量为 3 272 万 t,最大年输沙量为 1992 年的 8 000 万 t,最小年输沙量为 2001 年的 538 万 t。多年平均含沙量为 1.27 g/m³。

采用 10 年滑动平均法,根据选取原则统计分析了 1965—2014 年的水沙资料。10 年系列选取 1981—1990 年系列为设计代表典型。1981—1990 年系列的水沙平均值与多年平均值较为接近。

(3)系列代表性分析。

1981—1990 年典型系列坝址处年均径流量为 266.3 亿 m³,较多年平均年径流量(1965—2014 年)偏离 3.31%;典型系列年均输沙量为 3 414.5 万 t,较多年平均输沙量(1965—2014 年)偏离 4.34%,在统计时段内与多年平均径流量、输沙量较为吻合。该典型系列年包括了年水量的丰、中、枯及年输沙量的大、中、小等多种类型的组合情况,如1987年年输沙量与径流量分别较多年平均值偏大58.9%和31.7%,为大水大沙年;1985年年输沙量与径流量分别较多年平均值减小60%和32.9%,为小水小沙年。因此,选取1981—1990年作为典型系列年具有较好的代表性。推移质泥沙量取为悬移质输沙量的15%,即典型系列年推移质输沙量为512.2万t。水电站库区泥沙淤积计算典型年平均水沙特征见表4-70。

表4-70　水电站典型系列年入库水沙统计

年份	径流量/亿 m³	输沙量/万 t	含沙量/(kg/m³)
1981	267.6	3 487.2	1.30
1982	226.1	2 323.2	1.03
1983	310.8	4 525.3	1.46
1984	212.2	2 205.8	1.04
1985	172.9	1 309.2	0.76
1986	303.9	4 278.2	1.41
1987	339.4	5 200.6	1.53
1988	275.9	3 470.2	1.26
1989	265.2	3 366.1	1.27
1990	288.7	3 979.3	1.38
10 年平均	266.3	3 414.5	1.28
1965—2014 年平均	257.7	3 272.5	1.27
比多年平均偏离	3.31%	4.34%	

依据坝址1965—2014年逐日流量资料,根据水沙关系推求逐日输沙量,进而得出逐日含沙量系列,在50年水沙系列选取1981—1990年的逐日水沙代表系列进行水库泥沙冲淤分析计算。

考虑到水库上游干支流已开工建设的控制性工程,如尼拉姆河的尼拉姆-吉拉姆电站建成已经发电,吉拉姆河的科哈拉(2018年开工)电站,库纳尔河苏基克纳里(2017年初开工)以及帕春水电站(接近完建),以上4座电站水库控制吉拉姆河流域面积达24 000 km²,占玛尔水库坝址的92%,虽然都是中型水库,拦沙作用不是特别强,但大部分推移质以及少量较粗的悬移质都会被拦截在上游。经计算分析,玛尔水库多年平均入库沙量减少到2 855万t,其中悬移质2 614万t,推移质241万t(且绝大部分为沙质推移质),合2 150万m³。比天然情况下入库沙量3 766万t(合2 850万m³)减少25%左右。考虑水库上游干支流控制性工程拦沙后阿扎德帕坦坝址入库泥沙分析见表4-71。

表 4-71 各坝址入库泥沙分析

工程	所在河流	控制面积/km²	输沙量/万 t		
			天然悬移质	拦沙后悬移质	拦沙后推移质
科哈拉水电站	吉拉姆河	14 060	317	200	20
尼拉姆–吉拉姆水电站	尼拉姆河	7 000	2 400	2 000	150
苏基克纳里和帕春水电站	昆哈河	2 429	100	0	0
吉拉姆+尼拉姆+库纳尔河	汇合口	24 000	2 860	2 200	170
科哈拉水电站	吉拉姆河	24 890	3 000	2 340	
玛尔坝址	吉拉姆河	25 334	3 051	2 393	208
阿扎德帕坦坝址	吉拉姆河	26 183	3 272	2 614	241

因此,在阿扎德帕坦水库泥沙冲淤计算时,将根据上游水库梯级电站的拦沙作用,修正长系列逐日输沙量,进而得出逐日含沙量系列,在 50 年水沙系列选取其中 1981—1990 年的逐日水沙代表系列进行水库泥沙冲淤分析计算。

4.4.5.3 计算成果

1. 敞泄排沙运行方式

巴基斯坦目前在水电领域的购电考核机制为两部制电价,即以容量电价为主,以电量电价为辅。这就要求水电站在汛期满出力发电,即水库水位保持在正常蓄水位,电站尾水位尽量不受下一级电站淤积回水影响,即下一级水库最好不能有泥沙大量淤积情况出现。为满足电站容量考核要求,玛尔、阿扎德帕坦、卡洛特电站水库拟定如下联合排沙调度运行方式:

在来水来沙最为集中的主汛期 4 月中旬至 7 月中旬,水库在正常蓄水位运行,当入库流量大于或等于 2 000 m³/s 时,打开排沙底孔敞泄冲沙,电站停机不发电,每次 5 d 左右,其中放空和回蓄各半天,敞泄排沙 4 d,年均 2 次,多年平均发电损失时间约为 10 d。主汛期以外时间,电站进行日调节运行。

在拟订比较方案时,分别拟订入库流量大于或等于 2 000 m³/s 时年均敞泄排沙 5 d、10 d、15 d,结果表明敞泄排沙 5 d 方案因冲沙时间过短而在库区发生累积性淤积,不能满足维持水库日调节库容的限定条件,因此确定推荐敞泄排沙时间为 10 d。

为了保证水库每年都保持一定的调沙库容,当遇枯水年(无大于或等于 2 000 m³/s 发生)可选择流量在 1 500~2 000 m³/s 时进行 1 次敞泄排沙,丰水年可进行 3 次敞泄排沙,水库运行 50 年内有效库容可保持 1 600 万 m³ 左右。

敞泄排沙时,排沙底孔全部打开,最大限度地降低坝前水位,根据泄流曲线,坝前水位均较正常蓄水位低 20 m,根据水沙数学模型计算,玛尔电站入库含沙量约 2 kg/m³,出库含沙量可达 25~30 kg/m³,可将前一时期淤积在库区内的泥沙挟带至阿扎德帕坦电站库区内,梯级阿扎德帕坦以及卡洛特水库也相应打开泄流排沙底孔,实现泥沙在梯级水库库区"穿堂过"。

经计算,玛尔、阿扎德帕坦、卡洛特电站多年平均过机含沙量分别为 0.35 kg/m³、0.25 kg/m³、0.15 kg/m³,三电站泥沙对机组过流部件的磨蚀较小,且逐级减小。由于每年水库敞泄排沙,水库死水位以上基本无泥沙淤积,水库日调节库容得以保持,电站尾水位不受下一级电站淤积回水影响。

梯级电站敞泄排沙运行方式各水库泥沙淤积纵剖面总示意见图 4-60,图 4-61 ~ 图 4-63 分别为玛尔、阿扎德帕坦、卡洛特敞泄排沙运行方式水库泥沙淤积纵剖面。可见,3 电站水库运行 20 年均达到泥沙冲淤平衡状态,由于敞泄排沙期间坝前水位降幅达 20 m 左右,淤积末端均距上一梯级 4 km 以上。其中,玛尔电站因入库推移质最多导致水库库尾淤积厚度相对大些,但由于上游梯级拦截了绝大部分卵石推移质,水库库尾泥沙淤积并不影响科哈拉尾水。此方案即能长期满足调沙库容、日调节库容指标方面的要求。

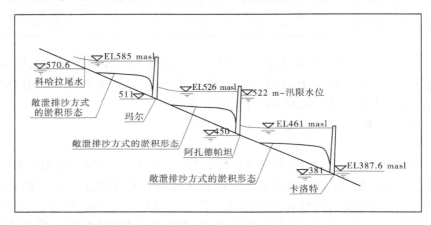

图 4-60　梯级电站敞泄排沙运行方式各水库泥沙淤积纵剖面总示意图

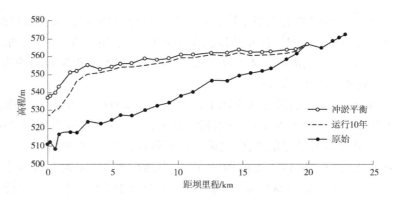

图 4-61　玛尔电站水库泥沙淤积纵剖面(敞泄排沙)

2.主汛期排沙限制水位运行方式

经上游龙头水库调节后改变了吉拉姆河水沙年内分配比例。即主汛期间(4 月中旬至 7 月中旬)玛尔电站水库入库泥沙由天然沙量占全年 69% 增加至 75%;阿扎德帕坦电站水库入库泥沙占全年 88%;卡洛特水电站入库沙量占全年 95% 左右。可见梯级电站主

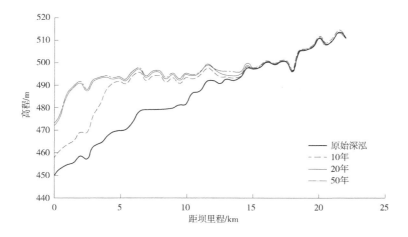

图 4-62　阿扎德帕坦电站水库泥沙淤积纵剖面(敞泄排沙)

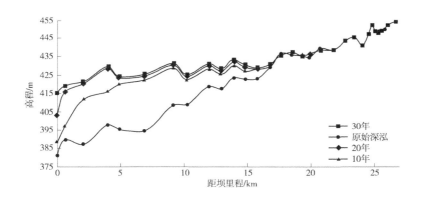

图 4-63　卡洛特电站水库泥沙淤积纵剖面(敞泄排沙)

汛期入库泥沙集中度增加。如在主汛期水库保持在排沙限制水位,入库水沙高度集中,较低的库水位的结果必然是泥沙淤积面更低,从而库水位与正常蓄水位之间的库容便得以保持,水库在长期保持电站日调节库容的基础上最大限度多发电。经计算,玛尔、阿扎德帕坦、卡洛特等梯级电站拟定如下排沙运行方式:

在拟订比较方案时,分别拟订汛期排沙限制水位比正常高水位降低 3 m、4 m、5 m,结果表明,降低 3 m 方案不能满足维持水库日调节库容的限定条件,因此确定主汛期水库的汛期排沙限制水位分别比正常高水位降低 4 m。

以主汛期降低库水位为主,即入库水沙集中的主汛期 4 月中旬至 7 月中旬水库水位在汛期排沙限制水位运行,玛尔电站为 581 m,阿扎德帕坦电站为 522 m,卡洛特电站为457 m。其他时期按日调节运行。

主汛期长达 91 d,方案计算时流量小于 1 500 m³/s 时入库沙量较少,可将库水位提高至正常高水位发电,以提高电站的容量以及电量。

　　此方案玛尔电站、阿扎德帕坦电站、卡洛特电站 10 年左右达到泥沙冲淤平衡状态,10 年后多年平均过机含沙量分别为 0.75 kg/m³、0.74 kg/m³,0.73 kg/m³,泥沙对机组过流部件的磨蚀较敞泄排沙方案有所增加。但由于水库主汛期在排沙限制水位运行,仅比正常蓄水位降低 4 m,电站在主汛期不停机,把因泥沙问题损失的电量大大降低。

　　水库库区在排沙限制水位以上基本无泥沙淤积,电站尾水位不受下一级电站淤积回水影响,水库日调节库容得以保持。

　　吉拉姆河梯级电站联合排沙调度淤积面对比见图 4-64,图 4-65 ~ 图 4-67 分别为玛尔、阿扎德帕坦、卡洛特主汛期在排沙限制水位运行方式水库泥沙淤积纵剖面。吉拉姆河梯级电站联合排沙尾水位比较见表 4-72。由此可见,联合排沙调度可显著降低电站尾水位。

　　玛尔、阿扎德帕坦、卡洛特电站多年平均损失发电时间约为 5 d。

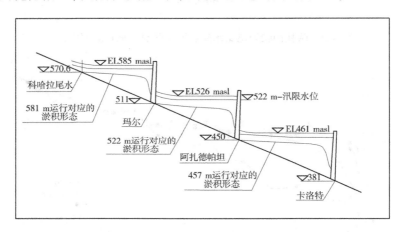

图 4-64　吉拉姆河梯级电站联合排沙调度淤积面对比

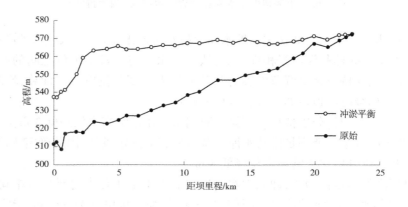

图 4-65　玛尔电站水库泥沙淤积纵剖面(主汛期降水位)

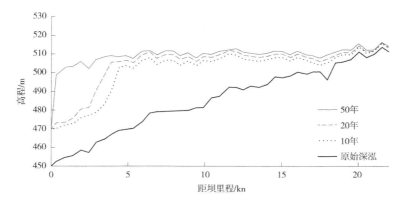

图 4-66   阿扎德帕坦电站水库泥沙淤积纵剖面(主汛期降水位)

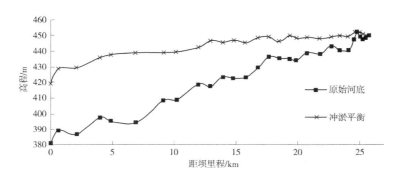

图 4-67   卡洛特电站水库泥沙淤积纵剖面(主汛期降水位)

表 4-72   吉拉姆河梯级电站联合排沙尾水位比较

项目	坝址河底高程/m	正常运用水位/m	单独排沙尾水位/m	联合排沙尾水位/m	水位降幅/m
科哈拉尾水	570.6		589.00	583.96	5.0
玛尔坝址	511	585	527.20	525.30	1.9
阿扎德帕坦坝址	450	526	464.70	460.90	3.8
卡洛特坝址	381	461			

4.4.6 联合排沙调度方案比较

梯级电站单独排沙、敞泄排沙的梯级电站联合排沙运行方式和主汛期排沙汛限水位的联合排沙运行方式计算成果比较见表 4-73。

敞泄排沙的梯级电站联合排沙运行方式优点是过机含沙量小,机组大修次数最少,坝前泥沙淤积厚度小,对上一梯级电站尾水位影响最小。

主汛期排沙汛限水位的联合排沙运行方式优点是年均发电量最多,库水位稳定,容易操控。缺点是过机含沙量较大,机组大修时间间隔较短。

可见仅从联合排沙调度角度看,敞泄排沙的梯级电站联合排沙运行方式是联合调度运行的最佳选择。

表 4-73　巴基斯坦吉拉姆河梯级电站各排沙运行方式计算成果比较

排沙方式	调节库容/亿 m³	过机含沙量/（kg/m³）	尾水位重叠/m	坝前泥沙淤积厚度/m
单独排沙运行	0.16~0.2	0.70	3	45
敞泄排沙	0.165~0.21	0.25	0.3	40
主汛期降水位的联合运行方式	0.162~0.21	0.75	1	43

4.5　梯级电站联合发电效益研究

巴基斯坦电网现有一定规模的水电站和火电站,风能、太阳能、生物能等其他可再生能源也已开始开发利用。根据巴基斯坦输配电公司(NTDC)的分析统计成果,2017—2018 年,巴基斯坦国家电网最大负荷需求为 26 741 MW,实际统计最大负荷为 20 795 MW,电力负荷缺口约 6 000 MW;预测 2024—2025 年的最大负荷为 33 809 MW,年均增长率 3.4%。中巴经济走廊的建设,促进了巴基斯坦社会经济的发展,带动了相关产业的发展和电力需求的快速增长,除了进一步开发更多优质的电力资源,通过对现有及逐步开工建设投产的相互具有水力联系的电站进行联合调度管理,充分发挥梯级电站的发电效益,也不失为满足用电需求增长和缓解电力供需矛盾的有效手段。

吉拉姆河干流科哈拉—卡洛特河段四座梯级电站均以承担发电任务为主,形成相互串联的梯级水库群,水位基本衔接,总装机容量约 3 160 MW,紧邻巴基斯坦首都伊斯兰堡等电力负荷中心,具有向巴基斯坦国家电网送电的能力和区位优势。水电属清洁可再生能源,经济指标好、环境影响小,在巴基斯坦电力系统中具有重要地位。然而,由于四座电站调节库容较小,仅具有日调节能力,在满足水库水位限制、出力限制、发电尾水位等约束条件的前提下,从充分利用径流、优化上下游梯级蓄放水过程的角度,难以提高梯级联合运行的发电量。同时,四座梯级电站之间存在水位重叠,受水库泥沙淤积的累积影响,梯级间顶托影响将日趋严重,造成电站出力受阻和发电效益损失。按照巴基斯坦现行电价体制,电价由容量电价和电量电价构成,以容量电价为主,故在电站签署的购电协议(PPA)中往往会对电站的容量进行考核,当电站出力长期达不到额定出力,则需按相应条款进行处罚。因而,本书主要围绕协调各梯级联合运行水位控制条件等展开研究,结合梯级电站联合排沙调度运行方式,探讨提高梯级整体容量效益的可行性,分析其效果,为制定流域梯级水电站群联合调度运行方式,更好地服务调度决策提供一些参考。

4.5.1　梯级电站单独发电调度运行方式

根据各梯级电站的可行性研究报告,初拟的发电调度运行方式如下。

4.5.1.1　科哈拉水电站

科哈拉水电站开发任务为发电,具有日调节性能。电站运行方式主要为满足电力系统调峰要求,水库运行水位在正常蓄水位 905 m 与死水位 896 m 之间变化。电站在汛期以承担系统腰荷和基荷为主,尽量满负荷发电,少弃水;在枯水期可根据所在电力系统要求和入库来水情况进行日调峰运行。

发电结合排沙调度的具体运行方式如下:

(1)当来水大于 1 000 m^3/s 时,水库敞泄冲沙,电站停机不发电。一年中没有大于日流量 1 000 m^3/s 时,在一年中上、下半年分别安排半天,利用来水大于 500 m^3/s,敞泄冲沙,电站仍停机不发电。

(2)当来水(扣除生态基流)超过最大过机流量时,装机容量作为限制,电站一日内满出力发电,多余水量通过大坝溢流弃水。

(3)当来水(扣除生态基流)小于或等于过机流量,且大于或等于水库调峰所需最小流量即控制流量时,电站调峰期满出力发电,水库水位在正常蓄水位与死水位之间运行;不调峰期,降低出力发电,在保证水库蓄满情况下发电,发电流量为来水与水库蓄水之和减去蓄满流量,期末水库水位完全恢蓄至正常蓄水位。

(4)当来水(扣除生态基流)小于控制流量时,调峰期水位适当降低,电站降低出力发电,不调峰期停机蓄水。

4.5.1.2　玛尔水电站

(1)玛尔水电站是以发电为单一任务的工程,具有日调节性能。日运行方式是在已确定的日平均出力(或日发电量)下,安排电站的瞬时出力和机组的开停及负荷分配。电站在汛期以承担系统腰荷和基荷为主,尽量少弃水;在枯水期可根据受电地区电力系统要求和入库来水情况在电网高峰期运行。实际运行时,应由电力系统统一调度。

(2)结合水库的排沙要求,水库水位在正常蓄水位至死水位之间,电站正常发电;当入库流量大于 1 350 m^3/s 但小于 2 000 m^3/s 时,水库可以降低发电水位至 1/2 消落深度(581 m)正常发电,并利用发电弃水排沙;当入库流量大于 2 000 m^3/s 时,可以转为以排沙为主运行,当水库水位降低到死水位以下时,电站停机。电站停机排沙运行末期,自排沙运行水位逐步回蓄至正常蓄水位,当水库水位高于死水位时,电站可以正常发电运行。

(3)玛尔水电站年均停止发电专门排沙运行 16.8 d;水库降低发电水位并利用弃水排沙年均约 56 d。降低水位一般可控制在 581 m 左右,并应根据下游实际水位、玛尔电站水头损失等条件,确保发电出力不受阻(或满足当时电力系统出力考核要求)。

(4)对于特枯水时段,应按电力系统实时调度安排运行,如电力系统以考核出力为主,应依据具体情况控制玛尔水库发电水位,使发电出力不受阻(或满足当时电力系统出力考核要求);如电力系统以考核发电量为主,可以利用来水和水库蓄水,尽量满足电力系统对枯水期电量的要求。

4.5.1.3　阿扎德帕坦水电站

(1)当入库流量超过 1 260 m^3/s 时,可自行决定是否运行该水电站,并管理超过 1 260 m^3/s 的流量,用于排沙或其他目的。

(2)当入库流量为 250 ~ 1 260 m^3/s 时,电站按照径流式电站运行,保持上游水位 526 m。

(3)当入库流量小于 250 m^3/s 时,可以调用水库内的水量以调峰运行方式发电。

（4）电站按照 NTDC 的发电调度指令进行调峰运行。基于电站根据预测水文情况向 NTDC 提出的发电申请，按照电网需要发出调度指令。

4.5.1.4　卡洛特水电站

卡洛特水电站是以发电为主要任务的发电工程，具有日调节性能。日运行方式是在已确定的日平均出力（或日发电量）下，安排电站的瞬时出力和机组的开停及负荷分配。电站在汛期以承担系统腰荷和基荷为主，尽量少弃水；在枯水期可根据受电地区电力系统要求和入库来水情况进行调峰运行。

结合水库的排沙要求，水库水位自正常蓄水位降至排沙运行水位期间，当水库水位高于或等于 451 m 且发电水头大于机组的最小水头时，电站正常发电，当水库水位低于 451 m，电站停机；水库水位自排沙运行水位逐步回蓄至正常蓄水位期间，当水库水位高于 451 m 且发电水头大于机组的最小水头时，电站发电运行。

4.5.2　梯级电站设计发电效益

在各梯级电站的可行性研究报告中，按照拟订的发电和排沙调度运行方式，采用长系列径流资料，并考虑下游梯级的顶托影响，对各梯级电站的发电量分别进行了计算。

4.5.2.1　基本资料

1. 径流

科哈拉水电站坝址控制流域面积 14 060 km^2，采用 1970—2012 年共 43 年日径流系列，坝址多年平均流量 302 m^3/s，多年平均径流量 95.2 亿 m^3。

玛尔水电站坝址控制流域面积 25 334 km^2，采用 1965—2015 年共 51 年日径流系列，坝址多年平均流量 796 m^3/s，多年平均径流量 251.2 亿 m^3。

阿扎德帕坦水电站坝址控制流域面积 26 183 km^2，采用 1965—2014 年共 50 年日径流系列，坝址多年平均流量 817 m^3/s，多年平均径流量 257.7 亿 m^3。

卡洛特水电站坝址控制流域面积 26 700 km^2，采用 1970—2010 年（1993 年缺测）共 40 年日径流系列，坝址多年平均流量 819 m^3/s，多年平均径流量 258.3 亿 m^3。

各梯级电站坝址月平均流量见表 4-74 和图 4-68。

表 4-74　各梯级电站坝址月平均流量　　　　　单位：m^3/s

项目	科哈拉	玛尔	阿扎德帕坦	卡洛特
控制流域面积/km^2	14 060	25 334	26 183	26 700
径流系列（年份）	1970—2012	1965—2015	1965—2014	1970—2010
1 月	94.3	204	218	225
2 月	160	314	338	342
3 月	366	674	709	713
4 月	555	1 230	1 251	1 280
5 月	628	1 670	1 686	1 710
6 月	491	1 690	1 720	1 690
7 月	413	1 380	1 408	1 400

续表 4-74

项目	科哈拉	玛尔	阿扎德帕坦	卡洛特
8 月	349	962	999	1 030
9 月	243	610	638	623
10 月	129	332	342	337
11 月	95.3	245	250	250
12 月	90.7	210	219	223
平均	302	796	817	819

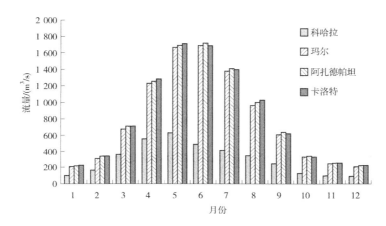

图 4-68　各梯级电站坝址月平均流量

2. 水位-流量关系

科哈拉、玛尔和阿扎德帕坦水电站尾水水位-流量关系考虑了下游梯级的顶托影响;卡洛特水电站尾水位基本不受曼格拉水库的顶托影响,故采用天然水位-流量关系。各梯级电站的尾水水位-流量关系见图 4-69~图 4-72。

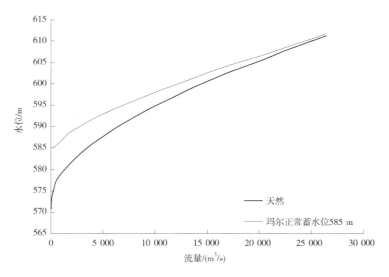

图 4-69　科哈拉水电站(主电站)尾水水位-流量关系

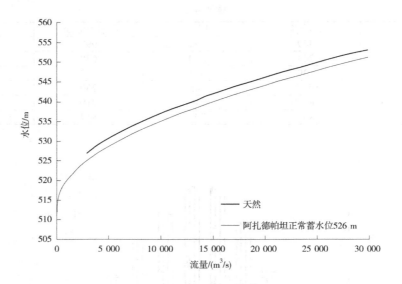

图 4-70　玛尔水电站尾水水位–流量关系

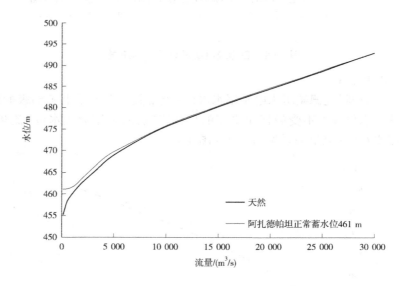

图 4-71　阿扎德帕坦水电站尾水水位–流量关系

3. 水头损失

科哈拉水电站采用混合式开发,主电站引水隧洞长约 17.4 km,采用两机一洞布置,按额定流量引水发电时最大水头损失为 23.85 m,见表 4-75。

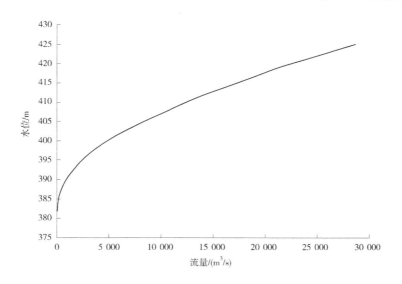

图 4-72　卡洛特水电站尾水水位–流量关系

表 4-75　科哈拉水电站(主电站)机组发电水头损失

流量/(m³/s)	0	15	30	60	90	106.25	120	150	180	212.5
水头损失/m	0	0.15	0.60	2.39	5.38	7.49	7.61	11.89	17.11	23.85

玛尔、阿扎德帕坦和卡洛特水电站均采用坝式开发,平均水头损失分别为 1.0 m、2.12 m 和 1.25 m。

4. 生态流量

根据巴基斯坦环保部门要求,科哈拉水电站下游河道的生态流量为 30 m³/s,通过生态电站进行下泄;玛尔、阿扎德帕坦和卡洛特水电站发电期间,坝下不存在脱水河段,无须单独下泄生态流量。

5. 综合出力系数及出力限制线

科哈拉、玛尔、阿扎德帕坦和卡洛特水电站的综合出力系数分别采用8.73、8.5、8.6、8.5。

科哈拉(不含生态电站,下同)、玛尔、阿扎德帕坦和卡洛特水电站的装机容量分别为 1 100 MW、640 MW、700.7 MW 和 720 MW,机组台数除玛尔为 3 台外,其余电站均为 4 台,单机容量分别为 275 MW、213.33 MW、175.18 MW 和 180 MW,额定水头分别为 292 m、55 m、61.7 m 和 65 m。各电站的机组出力限制线见表4-76。

4.5.2.2　设计发电效益

在各梯级电站的可行性研究报告中,根据上述基础资料,结合发电调度运行方式,按各梯级电站单独运行进行了径流调节计算。科哈拉、玛尔、阿扎德帕坦、卡洛特 4 座梯级电站总装机容量 3 160.7 MW,多年平均年发电量 140.96 亿 kW·h,见表4-77。

表 4-76　各电站的机组出力限制线

项目	科哈拉		玛尔		阿扎德帕坦		卡洛特	
单机容量/MW	275		213.33		175.18		180	
水头/m	277.58	≥292	45.5	≥55	44	≥61.7	50	≥65
预计出力/MW	256	275	161.67	213.33	107	175.18	118.8	180

表 4-77　各梯级电站的设计发电效益汇总

指标	单位	科哈拉	玛尔	阿扎德帕坦	卡洛特	合计
多年平均流量	m³/s	302	796	817	819	
正常蓄水位	m	905	585	526	461	
死水位	m	896	577	522	458	
装机容量	MW	1 100	640	700.7	720	3 160.7
多年平均年发电量	亿 kW·h	49.81	26.76	32.33	32.06	140.96
装机年利用小时数	h	4 528	4 181	4 614	4 452	
额定水头	m	292	55	61.7	65	
额定流量	m³/s	425	1 305	1 260	1 248.4	

注：不含科哈拉生态电站。

4.5.3　联合发电调度必要性

目前,吉拉姆河干流科哈拉、玛尔、阿扎德帕坦、卡洛特 4 座梯级电站正在有序开发建设,通过梳理各梯级电站的设计成果,从梯级联合发电运行的角度,仍存在若干不协调的因素,具体如下。

4.5.3.1　梯级水位衔接分析

科哈拉、玛尔、阿扎德帕坦、卡洛特 4 座梯级电站水位衔接情况见表 4-78。从表中可以看出梯级之间水位重叠,下游梯级电站的正常蓄水位对上游梯级发电尾水存在一定的顶托影响。

天然情况下,当各梯级电站按额定流量引水发电时,玛尔水电站正常蓄水位与科哈拉水电站尾水位重叠约 1.5 m,阿扎德帕坦水电站正常蓄水位与玛尔水电站尾水位重叠约 5 m,卡洛特水电站正常蓄水位与阿扎德帕坦水电站尾水位基本衔接。

表 4-78 各梯级电站水位衔接情况

项目		单位	科哈拉	玛尔	阿扎德帕坦	卡洛特
正常蓄水位		m	905	585	526	461
死水位		m	896	577	522	451
厂址处河底高程		m	571	510	453	380
厂址处天然水位		m	576	519	459	391
额定流量相应尾水位	天然情况下	m	583.5	521.1	460.8	391.3
	下游梯级按正常蓄水位运行时	m	585.4	526	461.9	391.3

注:1. 厂址处天然水位是指天然情况下电站发电尾水出口断面多年平均流量对应的水位。

2. 厂址处额定流量对应的尾水位指天然情况下或下游梯级按正常蓄水位运行时,电站额定流量相应尾水位。

3. 科哈拉水电站主电站尾水渠堰顶高程为 582 m,按额定流量 425 m^3/s 引水发电时,尾水渠相应水位为 583.5 m。

下游梯级按正常蓄水位运行时,受水库顶托影响,科哈拉、玛尔和阿扎德帕坦水电站额定流量相应尾水位分别抬高了 1.9 m、4.9 m 和 1.1 m。

根据各梯级电站的可行性研究报告,科哈拉、玛尔、阿扎德帕坦、卡洛特水电站的额定水头分别为 292 m、55 m、61.7 m 和 65 m,当各电站均在正常蓄水位运行,并按额定流量引水发电时,4 座电站可用的发电净水头分别约为 295.8 m、58.0 m、62.0 m 和 68.5 m(见表 4-79),与各电站的额定水头相比,科哈拉、玛尔、卡洛特水电站尚有 3 m 左右的余度,阿扎德帕坦水电站仅比额定水头高 0.3 m。受电站自身的调度运行及下游梯级运行水位的顶托影响,可能在一定程度上造成电站出力受阻,影响电站发电效益,特别是容量效益的发挥。

表 4-79 各电站的发电水头分析

指标		单位	科哈拉	玛尔	阿扎德帕坦	卡洛特
正常蓄水位		m	905	585	526	461
额定流量相应尾水位	天然情况下	m	583.5	521.1	460.8	391.3
	下游梯级按正常蓄水位运行时	m	585.4	526	461.9	391.3
水头损失		m	23.85	1	2.12	1.25
发电净水头	天然情况下	m	297.7	62.9	63.1	68.5
	下游梯级按正常蓄水位运行时	m	295.8	58.0	62.0	68.5
额定水头		m	292	55	61.7	65

4.5.3.2　额定流量的协调性分析

根据各梯级电站的可行性研究报告以及相关复核成果,科哈拉、玛尔、阿扎德帕坦、卡洛特水电站的额定流量分别为 425 m³/s(主电站)、1 305 m³/s、1 260 m³/s、1 248.4 m³/s。不难看出,玛尔水电站的额定流量大于其下游的阿扎德帕坦和卡洛特水电站的额定流量;阿扎德帕坦的额定流量也略大于其下游的卡洛特水电站的额定流量。上述 3 个电站的额定流量是不协调的,当上游电站按额定流量引水发电时,下游电站可能存在弃水,造成水资源的浪费。

4.5.3.3　水库泥沙淤积对调节库容和发电水头的影响分析

吉拉姆河属于多泥沙河流,吉拉姆河干流 4 座梯级电站均具有库容小、受泥沙淤积影响较大的特点。各梯级电站的库沙比在 5 左右,根据相关研究成果,如不采取排沙措施,水库有效库容将很快被泥沙侵占;采取排沙措施,水库运行一定年限后,调节库容仍损失较为严重。此外,受下游水库泥沙淤积影响,水库运行 20 年后,科哈拉、玛尔和阿扎德帕坦水电站尾水出口断面河底高程抬高了 2~5 m。在这种情况下,梯级联合排沙和联合调峰运行就显得尤为重要,是最大限度发挥梯级整体容量效益的有效途径。

综上,有必要在现行的巴基斯坦电价体制下,对吉拉姆河干流梯级电站联合发电运行方式进行探讨,进一步协调上下游梯级的运行水位和运行方式,以降低电站出力受阻的概率,提高梯级电站总体容量效益。

4.5.4　联合发电调度运行方式

通过上述分析可知,卡洛特水电站正常蓄水位与阿扎德帕坦水电站满发时尾水位基本衔接,对其发电效益影响小,由于卡洛特水电站已开工建设,其调度运行要求也已写入购电协议中,因此在梯级联合发电调度中仍维持设计报告中推荐的发电调度运行方式;科哈拉、玛尔和阿扎德帕坦水电站之间水位存在一定的重叠,从提高梯级电站整体容量效益的角度出发,结合前述拟订的联合排沙调度运行方式,拟订了三种联合发电调度运行方式。

4.5.4.1　调度运行方式一

以基本不改变各梯级电站可行性研究报告中拟订的排沙调度运行方式为原则,主要对玛尔水电站的发电调度运行方式进行适当调整,其他电站的调度运行方式与可行性研究报告保持一致。

1. 科哈拉

科哈拉水电站对其上游规划梯级的影响暂不予考虑,汛期电站以承担系统腰荷和基荷为主,尽量维持在正常蓄水位 905 m 运行;枯水期可根据所在电力系统要求和入库来水情况进行日调峰运行。当入库流量大于 1 000 m³/s 时,水库敞泄冲沙,排沙期间电站停机,多年平均停机排沙时间约 2 d。

2. 玛尔

天然情况下,科哈拉水电站满发时主电站尾水渠水位约 583.5 m,主汛期玛尔水电站在 583 m 左右水位运行时,对科哈拉水电站基本无顶托影响。此时,考虑阿扎德帕坦水电站正常蓄水位的顶托影响,玛尔水电站按额定流量发电相应的净水头约 56 m,大于玛尔水电站的额定水头 55 m,基本不会造成玛尔水电站的出力受阻。

根据玛尔水电站可研报告中拟订的排沙调度运行方式,当入库流量大于额定流量 1 350 m³/s 但小于 2 000 m³/s 时,降低库水位至 581 m 运行,此时玛尔水电站按额定流量发电相应的净水头约 54 m,机组出力受阻,电站不能满发。

综合上述分析,结合排沙调度运行方式,建议玛尔水电站汛期以承担系统腰荷和基荷为主,当入库流量大于额定流量 1 350 m³/s 时,库水位降至 583 m 左右运行;枯水期可根据所在电力系统要求和入库来水情况,与上游梯级同步进行日调峰运行。当入库流量大于 2 000 m³/s 时,水库敞泄冲沙,库水位降至死水位以下,电站停机,多年平均停机排沙时间约 17 d。

鉴于上述调度运行方式中将入库流量为 1 350~2 000 m³/s 的排沙运行水位由 581 m 抬高至 583 m,其对排沙的影响还有待进一步研究。

3. 阿扎德帕坦

由于阿扎德帕坦水电站选择的额定水头较高,电站受阻的概率较大,汛期电站应尽可能维持在正常蓄水位 526 m 按径流式电站运行;枯水期可根据所在电力系统要求和入库来水情况,与上游梯级同步进行日调峰运行,尽可能维持在正常蓄水位 526 m。当入库流量大于 2 000 m³/s 时,水库敞泄冲沙,排沙期间电站停机,多年平均停机排沙时间约 10 d。

4. 卡洛特

水电站汛期以承担系统腰荷和基荷为主,结合排沙调度运行方式进行发电运行,尽量少弃水;枯水期可根据所在电力系统要求和入库来水情况,与上游梯级同步进行日调峰运行。当入库流量大于 2 100 m³/s 时,水库敞泄冲沙,库水位降至死水位以下,电站停机,多年平均停机排沙时间约 17 d。

4.5.4.2　调度运行方式二

根据前述拟订的主汛期大洪水期间联合敞泄排沙运行方式,主汛期 4 月 16 日至 7 月 15 日,当入库流量大于或等于 2 000 m³/s 时,玛尔、阿扎德帕坦、卡洛特水电站同时敞泄排沙;当入库流量小于 2 000 m³/s,可在流量 1 500~2 000 m³/s 时,对玛尔、阿扎德帕坦、卡洛特水电站进行 1 次集中敞泄排沙,水库敞泄排沙期间,电站停止发电,年均排沙 10 d,科哈拉水电站的排沙调度运行方式未做调整。以此联合排沙调度运行方式为基础,结合各梯级电站的日调度运行方式,拟订联合发电调度运行方式。

1. 科哈拉

科哈拉水电站汛期以承担系统腰荷和基荷为主,尽量维持在正常蓄水位 905 m 运行;枯水期可根据所在电力系统要求和入库来水情况进行日调峰运行。当入库流量大于 1 000 m³/s 时,水库适时敞泄冲沙,排沙期间电站停机,多年平均停机排沙时间约 2 d。

2. 玛尔

玛尔水电站汛期以承担系统腰荷和基荷为主,尽量维持高水位运行,在主汛期 4 月

16 日至 7 月 15 日,选择合适时机,水库敞泄排沙,电站停止发电,年均排沙 10 d;枯水期可根据所在电力系统要求和入库来水情况,与上游梯级同步进行日调峰运行。

3. 阿扎德帕坦

阿扎德帕坦水电站汛期尽可能维持在正常蓄水位 526 m 按径流式电站运行,在主汛期 4 月 16 日至 7 月 15 日,与上游水库同步敞泄排沙,电站停止发电,年均排沙 10 d;枯水期可根据所在电力系统要求和入库来水情况,与上游梯级同步进行日调峰运行。

4. 卡洛特

卡洛特水电站汛期以承担系统腰荷和基荷为主,尽量维持高水位运行,在主汛期 4 月 16 日至 7 月 15 日,与上游水库同步敞泄排沙,电站停止发电,年均排沙 10 d;枯水期可根据所在电力系统要求和入库来水情况,与上游梯级同步进行日调峰运行。

4.5.4.3　调度运行方式三

根据前述拟订的主汛期降低库水位联合排沙运行方式,主汛期 4 月 16 日至 7 月 15 日,当入库流量大于 1 500 m³/s 时,玛尔、阿扎德帕坦、卡洛特水电站同步降至排沙运行水位(按比正常蓄水位低 4 m 考虑),期间电站正常发电,科哈拉水电站的排沙调度运行方式未做调整。以此联合排沙调度运行方式为基础,结合各梯级电站的日调度运行方式,拟订联合发电调度运行方式。

1. 科哈拉

科哈拉水电站汛期以承担系统腰荷和基荷为主,尽量维持在正常蓄水位 905 m 运行;枯水期可根据所在电力系统要求和入库来水情况进行日调峰运行。当入库流量大于 1 000 m³/s 时,水库敞泄冲沙,排沙期间电站停机,多年平均停机排沙时间约 2 d。

2. 玛尔

在主汛期 4 月 16 日至 7 月 15 日,当入库流量大于 1 500 m³/s 时,玛尔水电站库水位降至排沙水位 581 m 运行。其余时段可维持高水位运行,并根据所在电力系统要求和入库来水情况,与上游梯级同步进行日调峰运行。

3. 阿扎德帕坦

在主汛期 4 月 16 日至 7 月 15 日,当入库流量大于 1 500 m³/s 时,阿扎德帕坦水电站库水位降至排沙水位 522 m 运行,其余时段可维持高水位运行,并根据所在电力系统要求和入库来水情况,与上游梯级同步进行日调峰运行。

4. 卡洛特

在主汛期 4 月 16 日至 7 月 15 日,当入库流量大于 1 500 m³/s 时,卡洛特水电站库水位降至排沙水位 457 m 运行,其余时段可维持高水位运行,并根据所在电力系统要求和入库来水情况,与上游梯级同步进行日调峰运行。

上述三种联合发电调度运行方式的对比分析见表 4-80。

表 4-80　联合发电调度运行方式

联合发电调度运行方式	科哈拉	玛尔	阿扎德帕坦	卡洛特
方式一	当入库流量大于 1 000 m³/s 时,水库敞泄冲沙,多年平均停机排沙时间约 2 d;其余时段按日调节方式运行	汛期:当入库流量大于 1 350 m³/s 时,库水位降至 583 m 左右发电;当入库流量大于 2 000 m³/s 时,水库敞泄冲沙,多年平均停机排沙时间约 17 d。其余时段按日调节方式运行,并与上游梯级同步进行日调峰	汛期:当入库流量大于 2 000 m³/s 时,水库敞泄冲沙,多年平均停机排沙时间约 10 d。其余时段按日调节方式运行,并与上游梯级同步进行日调峰	汛期:当入库流量大于 2 100 m³/s 时,水库敞泄冲沙,库水位降至死水位以下,电站停机,多年平均停机排沙时间约 17 d。其余时段按日调节方式运行,并与上游梯级同步进行日调峰
方式二		主汛期 4 月 16 日至 7 月 15 日,水库同步敞泄排沙,电站停机,年均排沙 10 d;其余时段按日调节方式运行,并与上游梯级同步进行日调峰		
方式三		主汛期 4 月 16 日至 7 月 15 日,当入库流量大于 1 500 m³/s 时,水库同步降至排沙运行水位(按比正常蓄水位低 4 m 考虑),期间电站正常发电;其余时段按日调节方式运行,并与上游梯级同步进行日调峰		

4.5.5　联合调度发电效益分析

4.5.5.1　方案拟订

为对比分析联合调度的发电效益,以各梯级电站可行性研究报告中拟订的排沙和发电调度运行方式为基础,结合本书提出的联合调度运行方式,拟订了以下五种工况进行分析计算。

工况一:各梯级单独运行,排沙和发电调度运行方式与可行性研究报告一致,尾水水位-流量关系按天然情况考虑。此工况下,由于未考虑上、下游梯级之间的顶托影响,在不改变排沙运行方式的情况下,电站的发电效益是最大的。

工况二:各梯级单独运行,排沙和发电调度运行方式与可行性研究报告一致,尾水水位-流量关系采用可行性研究报告中考虑下游梯级顶托影响后的成果。此工况即为各梯级电站可行性研究报告中的径流调节计算方案。

工况三:采用联合发电调度运行方式一,尾水水位-流量关系采用可行性研究报告中考虑下游梯级顶托影响后的成果。

　　工况四:采用联合发电调度运行方式二,根据水库泥沙淤积情况,复核了受下游梯级顶托影响的尾水水位-流量关系。

　　工况五:采用联合发电调度运行方式三,根据水库泥沙淤积情况,复核了受下游梯级顶托影响的尾水水位-流量关系。

　　上述五种运行工况的对比分析见表 4-81。

表 4-81　联合调度发电效益计算方案

运行工况	发电和排沙调度运行方式	尾水水位-流量关系
工况一	与可行性研究报告一致	天然情况
工况二	与可行性研究报告一致	考虑下游梯级的顶托影响,与可行性研究报告一致
工况三	调度运行方式一	同工况二
工况四	调度运行方式二	考虑下游梯级的顶托影响,本书研究复核成果
工况五	调度运行方式三	考虑下游梯级的顶托影响,本书研究复核成果

4.5.5.2　相关假设

1. 径流

　　由于各梯级电站设计采用的径流系列长短不一,为保证资料的统一性,选取频率为 10%、25%、50%、75% 和 90% 等 5 个典型年日径流资料为代表进行分析计算。各典型年的月平均流量见表 4-82 和图 4-73。典型年平均流量与长系列多年平均流量相差 0.3%~2.5%,总体差别不大。

表 4-82　各典型年的月平均流量

月份	科哈拉		玛尔		阿扎德帕坦		卡洛特	
	典型年平均	长系列多年平均	典型年平均	长系列多年平均	典型年平均	长系列多年平均	典型年平均	长系列多年平均
1	83	94.3	186	204	196	218	214	225
2	158	160	285	314	300	338	329	342
3	359	366	638	674	652	709	668	713
4	543	555	1 151	1 230	1 161	1 251	1 189	1 280
5	677	628	1 678	1 670	1 680	1 686	1 705	1 710
6	546	491	1 605	1 690	1 616	1 720	1 647	1 690
7	408	413	1 381	1 380	1 403	1 408	1 435	1 400
8	394	349	1 071	962	1 090	999	1 133	1 030
9	180	243	480	610	489	638	516	623
10	166	129	354	332	354	342	362	337
11	102	95.3	233	245	237	250	245	250
12	92	90.7	215	210	221	219	233	223
平均	310	302	779	796	806	817	821	819

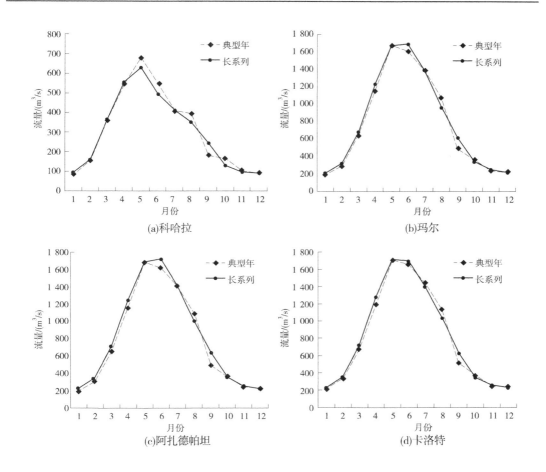

图 4-73　各梯级电站坝址月平均流量分布

2. 水位-流量关系

若不改变各梯级电站排沙调度运行方式,则水位-流量关系沿用可行性研究报告成果;若采用本书拟定的联合排沙调度运行方式,对受下游梯级顶托影响后的水位-流量关系进行复核,复核后的科哈拉、玛尔、阿扎德帕坦水电站尾水水位-流量关系见图 4-74~图 4-76。

3. 综合出力系数

机组出力系数与水轮发电机组的效率密切相关,在各梯级电站可行性研究报告中对综合出力系数取值的合理性已进行了分析,故对其不做调整,即科哈拉、玛尔、阿扎德帕坦和卡洛特水电站的综合出力系数分别采用 8.73、8.5、8.6、8.5。

除上述基本资料外,其他资料和相关假设与可行性研究报告一致。

4.5.5.3　发电效益分析

1. 电量效益分析

根据上述相关假设和联合发电调度运行方式,各工况下各梯级电站年发电量统计见

表 4-83。各梯级电站各工况下的发电量见图 4-77～图 4-82。

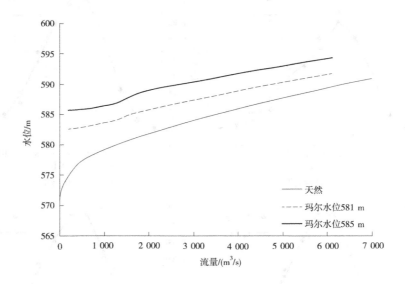

图 4-74　科哈拉水电站 (主电站) 尾水水位–流量关系

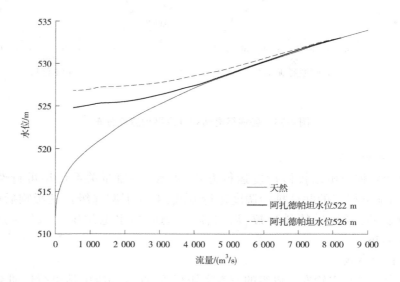

图 4-75　玛尔水电站尾水水位–流量关系

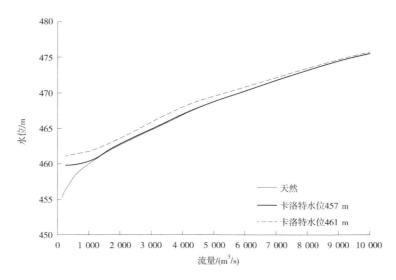

图 4-76　阿扎德帕坦水电站尾水水位–流量关系

表 4-83　各梯级电站年发电量统计

工况	梯级名称	年发电量/(亿 kW·h)					
		10%	25%	50%	75%	90%	平均
工况一	科哈拉	63.57	52.32	52.36	47.82	33.89	49.99
	玛尔	29.51	29.21	29.01	27.33	24.91	27.99
	阿扎德帕坦	35.04	33.37	32.26	29.01	26.09	31.15
	卡洛特	34.28	34.13	31.59	31.49	28.56	32.01
	合计	162.4	149.03	145.22	135.65	113.44	141.14
工况二	科哈拉	63.44	52.19	52.26	47.63	33.59	49.82
	玛尔	27.68	27.53	27.22	25.08	22.57	26.02
	阿扎德帕坦	34.35	32.69	31.54	28.12	25.21	30.38
	卡洛特	34.28	34.13	31.59	31.49	28.56	32.01
	合计	159.75	146.54	142.61	132.32	109.93	138.23
工况三	科哈拉	63.44	52.17	52.25	47.53	33.59	49.80
	玛尔	27.95	27.88	27.54	25.22	22.60	26.24
	阿扎德帕坦	34.35	32.69	31.54	28.12	25.21	30.38
	卡洛特	34.28	34.13	31.59	31.49	28.56	32.01
	合计	160.02	146.87	142.92	132.36	109.96	138.43

续表 4-83

工况	梯级名称	年发电量/(亿 kW·h)					
		10%	25%	50%	75%	90%	平均
工况四	科哈拉	63.35	52.05	52.17	47.49	33.56	49.72
	玛尔	31.05	29.10	27.99	24.68	22.03	26.97
	阿扎德帕坦	34.47	32.84	31.76	28.38	25.48	30.59
	卡洛特	37.46	35.43	34.22	31.31	28.40	33.37
	合计	166.33	149.42	146.14	131.86	109.47	140.65
工况五	科哈拉	63.35	52.06	52.19	47.49	33.56	49.73
	玛尔	34.96	30.69	29.40	24.79	22.18	28.41
	阿扎德帕坦	37.40	33.66	32.24	28.06	25.50	31.37
	卡洛特	40.75	36.51	35.01	31.10	28.43	34.36
	合计	176.46	152.92	148.84	131.44	109.67	143.87

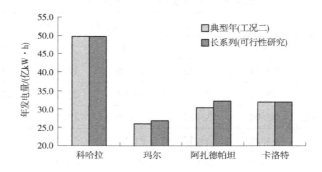

图 4-77　不同径流资料年发电量对比

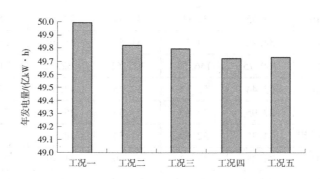

图 4-78　科哈拉水电站(主电站)年发电量

将典型年计算的发电量(工况二)与可行性研究报告中长系列计算的发电量进行对

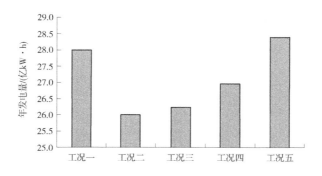

图 4-79　玛尔水电站年发电量

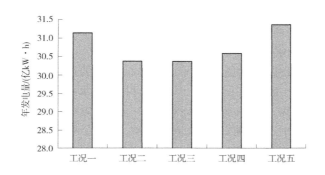

图 4-80　阿扎德帕坦水电站年发电量

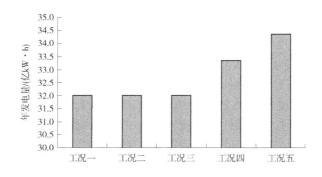

图 4-81　卡洛特水电站年发电量

比分析(见图 4-77),除采用的径流资料不同外,其他基本资料和运行方式相同,科哈拉和卡洛特水电站两次发电量成果基本一致;玛尔和阿扎德帕坦水电站由于典型年平均流量比长系列平均流量少 2%左右,两电站的年发电量典型年比长系列分别减少了 2.8%和6.0%;四座梯级电站年总发电量典型年比长系列减少了 1.9%。总体而言,本书典型年计算的发电量与各梯级电站设计发电量基本相当,成果基本合理,可作为梯级联合运行发电效益分析的基础。

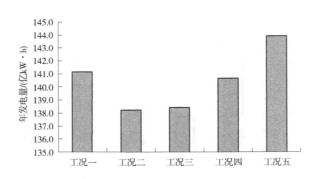

图 4-82　四座梯级电站年总发电量

从上述各工况下各梯级电站年发电量计算成果可以看出,采用相同的排沙调度运行方式,尾水水位-流量关系按天然情况考虑(工况一),各梯级电站年发电量相对较高,四座梯级电站年均总发电量可达 141.14 亿 kW·h。

四座梯级电站全部建成运行后(工况二),受梯级间的顶托影响,科哈拉、玛尔和阿扎德帕坦水电站的年发电量均有所降低。其中,科哈拉水电站年均发电量由 49.99 亿 kW·h 降至 49.82 亿 kW·h,降幅 0.3%;玛尔水电站年均发电量由 27.99 亿 kW·h 降至 26.02 亿 kW·h,降幅 7.1%;阿扎德帕坦水电站年均发电量由 31.15 亿 kW·h 降至 30.38 亿 kW·h,降幅 2.5%。相比较而言,阿扎德帕坦对玛尔水电站的顶托影响最大,玛尔对科哈拉水电站的顶托影响最小。

以可行性研究报告中拟订的排沙调度运行方式为基础,采用联合发电调度运行方式一进行分析(工况三),与工况二相比,四座梯级电站的年总发电量略有增加。其中,玛尔水电站年发电量由 26.02 亿 kW·h 增至 26.24 亿 kW·h,增长 0.8%;其余梯级电站的年发电量基本一致。

以主汛期大洪水期间联合敞泄排沙运行方式为基础,采用联合发电调度运行方式二进行分析(工况四),与工况二相比,四座电站年总发电量由 138.23 亿 kW·h 增加至 140.65 亿 kW·h,年发电量增加 2.41 亿 kW·h,增幅为 1.7%。除科哈拉水电站年发电量略有减少外,玛尔、阿扎德帕坦、卡洛特水电站的年发电量分别增加 0.95 亿 kW·h、0.21 亿 kW·h 和 1.36 亿 kW·h,增幅分别为 3.7%、0.7%和 4.2%。

以主汛期降低库水位联合排沙运行方式为基础,采用联合发电调度运行方式三进行分析(工况五),与工况二相比,四座电站年总发电量由 138.23 亿 kW·h 增加至 143.87 亿 kW·h,年发电量增加 5.64 亿 kW·h,增幅为 4.1%,其发电量是所有工况中最大的。除科哈拉水电站年发电量略有减少外,玛尔、阿扎德帕坦和卡洛特年发电量分别增加 2.39 亿 kW·h、0.99 亿 kW·h 和 2.35 亿 kW·h,增幅分别为 9.2%、3.3%和 7.3%。

2. 容量效益分析

各工况下各梯级电站的容量受阻和装机满发情况见表 4-84、图 4-83。

表 4-84　各工况下各梯级电站的容量受阻和装机满发情况

工况	梯级名称	受阻天数/d	受阻时间平均受阻容量/MW	最大受阻容量/MW	装机满发天数/d	装机满发率/%
工况一	科哈拉	—	—	—	484	26.5
	玛尔	1	20	20	373	20.4
	阿扎德帕坦	135	8	28	234	12.8
	卡洛特	2	2	3	353	19.3
工况二	科哈拉	—	—	—	482	26.4
	玛尔	272	16	52	33	1.8
	阿扎德帕坦	350	10	32	8	0.4
	卡洛特	2	2	3	353	19.3
工况三	科哈拉	—	—	—	482	26.4
	玛尔				312	17.1
	阿扎德帕坦	350	10	32	8	0.4
	卡洛特	2	2	3	353	19.3
工况四	科哈拉	—	—	—	481	26.3
	玛尔	—	—	—	326	17.9
	阿扎德帕坦	157	9	30	210	11.5
	卡洛特	16	6	17	401	22.0
工况五	科哈拉	—	—	—	481	26.3
	玛尔	226	9	37	150	8.2
	阿扎德帕坦	328	54	164	86	4.7
	卡洛特	269	49	172	193	10.6

注:1. 容量受阻统计不含停机排沙时段。

2. "—"表示无容量受阻。

3. 受阻天数和装机满发天数均为五个典型年的累计天数。

天然情况(工况一)下,各梯级电站的装机满发率为 12.8%~26.5%,其中科哈拉水电站最高,阿扎德帕坦水电站最低。四座梯级电站中,阿扎德帕坦水电站的容量受阻情况最为严重,其主要原因是额定水头选择偏高。

四座梯级电站全部建成运行(工况二)后,受梯级间的顶托影响,阿扎德帕坦水电站的容量受阻情况加剧,累计受阻天数达 350 d,占总天数的 19.2%,装机满发率由 12.8%降至 0.4%;玛尔水电站,由于主汛期入库流量 1 350~2 000 m³/s 期间降低库水位至 581 m 运行,造成出力受阻明显,装机满发率由 20.4%降至 1.8%。

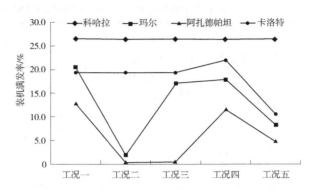

图 4-83　各梯级电站的装机满发率对比

采用联合发电调度运行方式一(工况三)进行分析,由于将玛尔水电站排沙期间的运行水位由 581 m 抬高至 583 m,与工况二相比,电站装机满发率显著提高,从 1.8%提高到 17.1%。

采用联合发电调度运行方式二(工况四)进行分析,与工况二相比,由于玛尔、阿扎德帕坦、卡洛特三座梯级电站采用同步敞泄排沙,停机排沙时间也由 10~16.8 d 统一降为 10 d,装机满发率除科哈拉水电站略有减少外,其余梯级均有增加,特别是玛尔和阿扎德帕坦水电站增加明显,玛尔水电站由 1.8%增至 17.9%,阿扎德帕坦水电站由 0.4%增至 11.5%。

采用联合发电调度运行方式三(工况五)进行分析,由于玛尔、阿扎德帕坦和卡洛特水电站在主汛期当入库流量大于 1 500 m³/s 时均降水位排沙,排沙运行水位比正常蓄水位低 4 m,在此期间电站出力受阻严重,三座电站均不能满发,装机满发率 4.7%~10.6%。与工况二相比,玛尔水电站装机满发率由 1.8%增至 8.2%,阿扎德帕坦水电站由 0.4%增至 4.7%,但是卡洛特水电站装机满发率大幅度降低,由 19.3%降至 10.6%,容量受阻累计天数达 269 d,最大受阻容量达 172 MW,容量效益损失明显。

3. 发电效益综合分析

综合上述分析,由于四座梯级电站仅具有日调节性能,仅仅改变发电调度运行方式,对梯级电站发电量和装机满发率总体影响不大,改变排沙调度运行方式是提高梯级电站发电效益的有效路径。

与单独运行相比,在不改变排沙调度运行方式的情况下,拟订联合发电调度运行方式一,四座电站多年平均年总发电量仅增加 0.19 亿 kW·h,增幅为 0.1%,变化不大,但是可将玛尔水电的装机满发率由 1.8%增至 17.1%;以主汛期大洪水期间联合敞泄排沙运行方式为基础,拟定联合发电调度运行方式二,四座电站年总发电量可增加 2.41 亿 kW·h,增幅为 1.7%,并可将玛尔水电站的装机满发率由 1.8%增至 17.9%,阿扎德帕坦水电站的装机满发率由 0.4%增至 11.5%,四座电站的装机满发率均相对较高,达到 11.5%~26.3%;以主汛期降低库水位联合排沙运行方式为基础,拟订联合发电调度运行方式三,四座电站年总发电量可增加 5.64 亿 kW·h,增幅为 4.1%,总发电量相对较高,但是玛尔、阿扎德帕坦和卡洛特水电站的装机满发率均不高,仅为 4.7%~10.6%。

鉴于排沙调度运行方式是影响梯级电站发电效益的关键因素,也关乎着梯级电站是否能够长期有效运行,建议在本书研究的基础上,综合下阶段进一步论证梯级联合排沙调度运行方式,评估其对各梯级电站的影响,协调各项目业主与巴基斯坦各有关部门之间的关系,结合各利益相关方的诉求,提出更加合理、可行的联合发电调度运行方式,指导梯级电站科学调度运行管理,从而实现流域梯级电站效益最大化。

4.6　结　论

4.6.1　洪水调度方面

洪水联合调度的效果体现在降低洪水风险、提高发电水量利用率及维护调节库容确保电站长期稳定运行等三方面。总体上,联合洪水调度通过预降水位、腾出库容对较大量级洪水作用不明显,核心效益体现在洪水调度期间开展排沙调度可以维护调节库容、实现"门前清"以及减小淤积对发电尾水位的影响,提高发电设备利用率,确保电站长期稳定运行。

4.6.2　排沙方面

(1)吉拉姆河梯级电站都具有"流量较大、沙量较多、库容较小,水库淤积问题突出"等特点。

(2)吉拉姆河干流各梯级电站水库库容均较小,调节性能均较差,为兼顾发电和排沙要求,各梯级电站应遵循"淤积时共分担,排沙时穿堂过"的联合调度运行方式,这是吉拉姆河干流梯级电站经济效益最大化的最佳解决方案。

(3)汛期敞泄排沙的联合排沙调度运行方式,梯级发电量比目前调度方式有所增加;该排沙运行方式优点是容量保证率高,汛期满发时间长,过机含沙量小,机组检修次数最少。但各梯级停机时间较长,可能对电网产生冲击影响。

(4)汛期消落水位的联合排沙调度运行方式调度运行,梯级整体发电量比目前调度方式有所增加。该调度运行方式优点是梯级整体年均发电量最多,年内水库水位相对稳定,容易操控。缺点是汛期部分时段过机含沙量较大,机组磨蚀较严重,机组检修时间间隔较短,电站主汛期容量受阻较严重。

4.6.3　发电调度方面

吉拉姆河干流梯级电站之间存在利用水头较大重叠和额定流量不甚协调等问题,考虑巴基斯坦及流域当地用电需求的快速增长和现行的电价体制,有必要进行吉拉姆河干流梯级电站联合发电运行方式探讨,协调上、下游梯级的运行水位和运行方式,提高梯级电站发电效益。通过不同工况条件下的发电调度分析,调整排沙调度运行方式是提高梯级电站发电效益的有效路径。

在联合发电调度运行方式下,四座电站年总发电量可增加约 4.1%,总发电量相对较高,但是玛尔、阿扎德帕坦和卡洛特水电站的装机满发率均不高,仅为 4.7% ~ 10.6%。

参 考 文 献

[1] 朱鉴远. 水利水电工程泥沙设计[M]. 北京:中国水利水电出版社,2011.

[2] 中国水利学会泥沙专业委员会. 泥沙手册[M]. 北京:中国环境科学出版社,1992.

[3] 武汉水利电力学院. 河流泥沙工程学[M]. 北京:水利出版社,1982.

[4] 国家电力公司成都勘测设计研究院. 水电水利工程沉沙池设计规范:DL/T 5107—1999[S]. 北京:中国电力出版社,2000.